インプレスR&D [NextPublishing]

New Thinking and New Ways
E-Book / Print Book

再生可能エネルギーの メンテナンスと リスクマネジメント

安田 陽 | 著

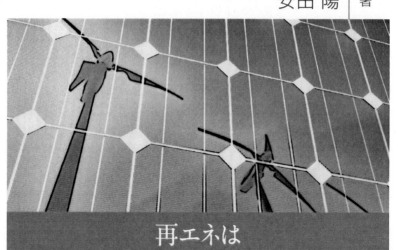

再エネは
「発電所を作っておしまい」
のビジネスではない！

発電を続けるにはメンテナンスとリスクマネジメントが必須
社会に受け入れられる持続的な再エネ発電のコンセプトとは

impress
R&D
An impress
Group Company

はじめに

　本書は、風力・太陽光発電を中心とする再生可能エネルギー発電のメンテナンスを扱っています。本書は再エネ発電ビジネスをこれから始めようと考えている方、最近参入したという方を第一の対象としています。**「そもそも発電ビジネスとは何か」**からはじまり、**「持続的に発電ビジネスを継続させるためには」**という問題提起をするために、一見地味であまり脚光の当たらない**メンテナンス**に焦点を当てました。

　メンテナンスというと、ルーチンワークと現場対応のようなイメージがあるかもしれませんが、本書は工学的な保守管理技術に特化した専門書ではありません。実際にメンテナンス作業を行う現場の方のスキルやノウハウは重要ですが、本書はメンテナンスを専門とする現場の技術者の方だけではなく、発電所のオーナーや投資家にこそ読んでもらいたいと考えています。なぜなら、**メンテナンスはリスクマネジメントの一環**であり、**マネジメントとは経営**だからです。何かあると現場に丸投げにして現場に責任や精神論を押し付けるのではなく、事故防止や安全管理を徹底し、市民に支持される持続可能な発電を続けるには、コストと人材を適切に投入し、慎重な戦略を立てなければなりません。

　また同時に、本書は単なる限られた専門家向けの難解な専門書ではなく、再生可能エネルギーに（そして日本の将来に）興味のある一般の方にも広く読んでいただきたいとも考えています。

　従来の電力システムでは、火力や原子力、大規模水力を持つ大企業だけがプレーヤーでしたが、これからは風力や太陽光、小水力、バイオマスなど、小規模分散型電源が主要プレーヤーになる新しい電力システムの時代となります。発電所を維持管理するのは限られた業界の限られた人たちの仕事ではなくなりつつあります。小規模分散型であるぶん、一般のみなさんの身近に発電所が存在することも多くなり、ある場合はその発電所の出資者や支援者に、またある場合はその発電所に懸念したり

はじめに　｜　3

反対するケースも出てきます。

　その際、再エネ発電所が単にブラックボックスではなく、そこで働いている人、経営に携わっている人たちが、トラブルや失敗も含めどのように日々苦労し試行錯誤しているかを知ってもらい、身近に感じていただければと思っています。そのため、できるだけ専門用語や数式は多用せず、わかりやすい「読み物」としてまとめるよう工夫しました。一部、どうしても専門的な用語や細かい数字が出てくる部分もありますが（特に第3章）、それは軽く読み飛ばして次に行っても大丈夫なように構成されています。

　本書は「環境ビジネスオンライン」(https://www.kankyo-business.jp)に2014年4月から連載中の「風力発電大量導入への道」に掲載されたメンテナンスに関するコラムを加筆修正・再構成したものです。連載時は筆者の専門である風力発電を中心に書かれていましたが、太陽光発電に共通する情報も多いため、本書編集時にはできるだけ多くの再エネ事業者や再エネに関心のある方に共通する問題を提起するかたちにアレンジしてあります。一部情報が少し古くなってしまったものもありますが、できるだけ当時の記事のままのかたちを残し、必要に応じて現時点での最新情報を必要最小限加筆してあります。

　本書が、この分野に新規参入する方にとっても、一般の方にとっても、再生可能エネルギーの技術と政策に対しての正しい理解の一助になれば幸いです。

2017年9月

京都大学大学院 特任教授

安田　陽

目次

はじめに …………………………………………………………… 3

第1章　発電ビジネスは一にも二にもメンテナンス ……………… 7
　1.1　再エネは一にも二にもメンテナンスが大事 ………………… 8
　1.2　なぜ欧州では市民風車が成功したのか？ ………………… 13
　1.3　実はあまり語られないFITとメンテナンスの関係 ……… 21

第2章　メンテナンスとリスクマネジメント …………………… 29
　2.1　リスクマネジメントってみんな言うけど ………………… 30
　2.2　発電ビジネスとアセットマネジメント …………………… 41
　2.3　本当は怖い風車の保険の話　〜逆選択とモラルハザード〜 …… 47
　2.4　事故と保険と情報の透明性 ………………………………… 53

第3章　風力・太陽光の事故・トラブル ………………………… 59
　3.1　風力発電の事故は多いのか？ ……………………………… 60
　3.2　風力発電の事故を減らすには？ …………………………… 67
　3.3　風車の天敵、冬季雷 ………………………………………… 74
　3.4　風力発電の事故と規制の変化 ……………………………… 81
　3.5　太陽光発電の事故防止と規制動向 ………………………… 93
　3.6　メガソーラーのトラブルと自律的ガバナンス …………… 101

第4章　経営戦略としてのメンテナンス（対談集）…………… 107
　4.1　エンジニアリングとリスクマネジメント ………………… 108
　4.2　補助金はメンテナンス意識を育てるか？ ………………… 122
　4.3　風力発電産業を活性化するメンテナンスビジネス（その1）…… 129
　4.4　風力発電産業を活性化するメンテナンスビジネス（その2）…… 138

4.5　消費者に選ばれる電源となるために　～経営戦略としてのメンテナンス～ ……………………………………………………… 147

おわりに …………………………………………………… 167

初出情報 …………………………………………………… 172

参考文献 …………………………………………………… 174

著者紹介 …………………………………………………… 181

第1章 発電ビジネスは一にも二にもメンテナンス

1.1 再エネは一にも二にもメンテナンスが大事

　再生可能エネルギーの固定価格買取制度(FIT)が施行されて5年が過ぎました。太陽光以外の再エネがほとんど伸びていないとか、未着工サイトのFIT認定取り消しが大量に発生したなど、改善すべき問題点も山積するものの、本来FITという制度が持つ「再エネ大量導入への布石」という点においては一定の成果を収めつつあります。

　このような再生可能エネルギーの大量導入時代を前に、この分野に新規参入する人たちに声を大にして伝えなければならないことは、「**再エネ発電ビジネスは一にも二にもメンテナンスが大事**」ということです。

　発電所を「建てる」上で留意すべきことは山ほどあり、それには多くの方が関心を寄せています。しかし、発電所を建設した後20年近く運転を継続させ「守る」ことに関しては…、我が国の風力発電の過去の事例に鑑みても、昨今の太陽光業界のブームから見ても、まだまだこの重要性が十分認識されているとは言い難い状況のようです。本書では、この一見地味で裏方的な「メンテナンス」がメインテーマとなります。

メンテナンス軽視は事業リスクを招く

　言うまでもなく、風車や太陽光パネルのような発電設備は、家電ではありません。車でもありません。家電であれば、最近は壊れても修理せずすぐ廃棄して買い替える人も多いようですし、車は低稼働率で週末しか乗らないとしても所有すること自体にステータスを感じる方もいるかもしれません。しかし、発電所はそうはいきません。

　ところが現実には、太陽光パネルをあたかも家電や車のように考えているかのような事業者がしばしば見受けられます。残念ながらこれは、特に2000年代初頭に風車を導入した自治体に多く見られた傾向と同じです。

ハコモノ行政よろしく建設費には気前よく予算が付くものの、競争入札の過程で長期メンテナンス契約が削られ、いざトラブルがあったときに専門スタッフが不足して対処できず、ロジスティクスや契約の不備で、部品やメンテスタッフも海外から来るため停止時間が長引き、さらにその修理費が議会から承認されない…、という悪循環を繰り返す事例が、かつて見られました（もちろん、コスト意識高くきちんと発電を継続している自治体も確実にあります）。

　定期的メンテナンスの不備は事故・故障の多発を招きます。また、計画外の事故に対する不十分な対応（例えば中途半端な保守契約や専門スタッフの不足、補修部品や重機などサプライチェーンの不備など）は、事故一回あたりの発電不能時間の長期化、ひいては稼働率や設備利用率の低下を招き、事業失敗のリスクに直結します。FIT施行後のブームに乗って新規参入者が増えるのは再エネの爆発的進展という点では歓迎ですが、メンテナンスにあまり気を配らない事業者が続々と参入してしまったとしたら…、それは2000年代初頭の風車の苦い経験の二の舞になりかねません。

ひとつの事故でも多大な社会的影響

　仮に事業失敗だけで済めばその損害を被るのは当該の事業者や投資者のみですが、再生可能エネルギーの場合、ひとたび事故を起こすと社会的影響が大きいため、その影響は当該事業者のみならず真面目にやっている他の再エネ事業者にも波及する可能性があります。メンテナンス不足により故障が続き、事故対応もままならないために停まったままの風車や、見るからに安全を軽視した不適切な施工方法の太陽光パネルは、地元住民の視線だけでなくテレビカメラの目も引きます。「再エネは役に立たない」、「税金（補助金）の無駄遣いだ」などというイメージはこのようなトラブルの多い設備に端を発する場合が多く、当該事業者の事業失敗以上の負の影響を日本全体に及ぼす可能性があります。

　例えば家電や車であれば、事故やリコールは特定のブランドや特定の

第1章　発電ビジネスは一にも二にもメンテナンス　　9

メーカーのイメージダウンとなりますが、冷蔵庫や洗濯機そのもの、あるいは自動車そのものに対して「日本から撤退せよ！」と排斥運動が起きたりするわけではありません。しかし、現在の日本では、風力発電や太陽光発電の受容性についてはさまざまな意見があり、一事業者の起こした事故が再エネ全体の不信感や不要論に発展するリスクが多いということを念頭に置かねばなりません。

実際に風車倒壊や部品落下、太陽光パネルの飛散などが発生した場合、近隣住民の不安感や不信感が増大し、他のサイトや他の事業者へもそれが飛び火します。さらに万が一にも人身事故や第三者の財産の毀損といった事態を引き起こしてしまった場合、損害賠償のような直接的経済損失のみならず、風力発電・太陽光発電という産業全体にマイナスイメージを与えかねません。このようにメンテナンスに対する意識の欠如は、結果的に再生可能エネルギーの社会受容性を低下させ、他の事業者の事業リスクを増大させたり、再エネ産業そのものの発展を阻害することにも容易につながる可能性があります。

メンテナンスは投資

風力発電や太陽光発電は自然界の風や光という無料のエネルギー源を利用しているため、燃料費が高い火力発電に比べ運用コストが低く抑えられるという魅力があります。しかし、この魅力にこそ錯覚の芽が潜むようです。

O&M（運用・保守）コストには燃料費だけでなく人件費やメンテナンスコストが含まれます。風力発電は燃料費こそタダになりますが、メンテナンスコストがあるため運用コストは決してタダにはなりません。

したがって小規模事業者ほど運用コストが相対的に大きくなり、万一事故があった際の計画外の補修費も重くのしかかります。小規模事業者の場合、事故時の計画外の補修費や発電不能による機会費用（逸失利益）は、プロジェクト全体コストに対してかなり大きな比重を占めることになるのです。

メンテナンスにきちんとお金をかけそれなりに対策をすれば、事故を防止したり被害を最小限に食い止めることも可能ですが、結局その対策費や保険も運用コストに含まれます。メンテナンスを侮るということは、この運用コストの不確実性を侮ることに他ならず、結果的に事業リスクに直結するのです。

　メンテナンスにきちんとお金をかけることは、将来生産することになるエネルギー＝電力量 (kWh) へ投資することを意味します。そして発電事業は電力量 (kWh) という商品を作って売らなければ稼げない、ということは言うまでもありません。

　本来であれば全ての産業に共通なのですが、こと再生可能エネルギーに関しては特に、メンテナンスを考えることが非常に重要なのは必然的帰結です。「持続可能性 sustainability」とは、再生可能エネルギーを用いた将来のエネルギー利用の形態に対してよく用いられる言葉ですが、実は再生可能エネルギーのビジネスそのものも、この「持続可能性」が重要なキーワードとなります。

「攻める」のもいいが「守る」のも大事

　冒頭で登場したFIT制度とは、そもそも環境ビジネスに興味のある「ファーストランナー」に投資や参入を促すものであり、その点でこの分野への新規参入者が増えることは歓迎すべきことです。裾野が広がらなければ産業は発展しません。発電事業はボランティアではできませんので、ビジネスとして金儲けを目指すことも決して悪いことではありませんし、地球のためにとか環境のためにという志の高いピュアな心を持たなければならないわけではありません。

　しかし、攻める（発電所を建てる）ことだけに没頭し、守る（メンテナンスする）ことを忘れれば、ビジネスすら成り立たず投資も回収できません。

　筆者の私見で言えば、「攻め」の姿勢が強い志の高い熱意のある事業者は多いようですが、メンテナンスという一見地味な「守り」の仕事を重

第1章　発電ビジネスは一にも二にもメンテナンス　｜　11

視しているところはまだまだ少ないようです。

　事業見通しが悪い企業は市場から撤退するしかありませんが、ひとたび事故が起これば問題は一企業に留まらず、再エネ産業全体にもその影響が波及します。たとえ善意や熱意で事業を始めてもメンテナンスという兵站（ロジスティクス）を軽視すれば、結果的に日本のエネルギー問題全体に影を落とします。

　環境ビジネスに関わる全ての方々は、このことを認識した上で、長期のメンテナンスもしっかりと考慮に入れた事業計画や人材育成、持続的成長を考えなければなりません。やはり、「メンテナンス」がキーワードです。

1.2 なぜ欧州では市民風車が成功したのか？

　デンマークの市民風車やコミュニティ風車、組合風車の成功事例は、日本でも多くの文献で取り上げられています。その成功の要因は、市民の環境意識が高いことや政府や自治体の支援スキームがしっかりしていることなどが、よく取り上げられます。政策学や社会学の観点から分析すると確かにその通りで、日本が学ぶべきことも多いでしょう。

　しかし本書では別の観点、すなわち「メンテナンス」というエンジニアリング的な観点からこの市民風車の成功を分析したいと思います。

欧州の市民風車の成功の秘訣

　デンマークでは個人が風車を建てたり、あるいはコミュニティの人たちが出資して組合というかたちで風車を所有したりするケースが1990年代より続けられています。その多くが1基から数基という小規模事業です。

　デンマークにも洋上風車を含む大規模ウィンドファームがあり、大手ディベロッパーも存在します。しかし、やはり伝統的に地元の方がお金を出し合って配当をもらうという地域主導・市民主導の事業が圧倒的に多いのがデンマークの特徴です。

　地域の組合や自治体など地元に根付いた出資形態の場合、地域のシンボルになったり地元雇用を創出したりするため、地元住民の受容性が高くなるという傾向があります。このあたりは、例えばニールセン北村朋子氏の書籍『ロラン島のエコ・チャレンジ』[1.1]などに、日本も学ぶべき羨ましい成功事例として詳しく描かれています。

　ところで、デンマークの市民は、自分たちの手で頑張ってしっかり風車をメンテナンスしているのでしょうか？

　答えは「ノー」です。デンマークでは風車オーナー自身がメンテナン

第1章　発電ビジネスは一にも二にもメンテナンス　13

スに気を配らなくてもよい仕組みが確立されています。それはメーカーとの保守契約です。

デンマークやドイツなどの欧州のメーカーは稼働率95%保証などの長期保守契約を用意している場合が多く、市民風車・組合風車の多くが風車メーカーと17年ないし20年耐用運転年数の長期契約を結んでいます。風車に万一トラブルが発生しても、アラート信号がメーカーの監視制御室に自動的に届き、メーカーの専用メンテナンススタッフが駆けつけてくれる、という仕組みです。

このように欧州の風車メーカーは、伝統的にきめ細やかな手厚いメンテナンス体制を用意することにより、自国もしくは近隣諸国での販路を拡大するという戦略をとっています。風車メーカーにとっても、作って売っておしまいという投げ売りではなく、風車を売ったあとも20年に亘りメンテナンスという「商品」を売り続けることができるため、経営戦略としてもメリットがあるといえるかもしれません。

また、風車メーカーを退職した後、独立して風車メンテナンス会社を立ち上げるエンジニアも少なからずおり、デンマークには第三者的なメンテナンス会社もたくさんあります。市民風車・組合風車がそれらの会社と保守契約を結ぶこともありますが、基本的には長期契約という点では同じです。

この仕組みの鍵はやはり「メンテナンスの長期契約」です。風車オーナーや事業者から見ると、長期の稼働率保証は「仮に事故や故障がなければ」割高の出費になります。しかし、万一事故や保証が発生した場合にこの保証がないと巨額な補修費と機会費用（逸失利益）が発生し事業破綻のリスクに直面します。かといって、一般市民やその集まりである組合がそれぞれ自前でメンテナンス要員や交換部品を持つのはコストや技術力の点であまり現実的ではありません。

このように多少割高に見えてもきちんと長期保証契約にコストをかけるのは、堅実で慎重な北欧の人たちらしい選択かもしれません。市民風車とメーカー長期保証（あるいはメンテナンス会社との長期契約）がよいかたちで組み合わされた仕組みを、本書では仮に「デンマーク型」と

名付けることにします。

アメリカでは大手ディベロッパーが主流

　一方、アメリカでは大手ディベロッパーが100基単位で大規模風力発電所を建設・運営しているケースが圧倒的に多いです。そのような大規模事業者はさまざまなメーカーから風車を購入し、どの風車でもメンテナンスできるよう、たいてい自前でメンテナンス部隊を用意しています。

　一般に工業製品の故障率のカーブは「バスタブ曲線」と言われ、最初の数年の初期故障期間を経過すると故障発生率が低下する傾向にあります。そして耐用年数を迎える頃にまた故障発生率が上がります。これがバスタブの縁に相当します。

図1.1　バスタブ曲線

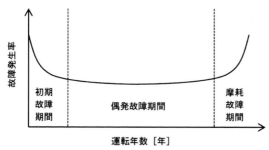

　したがって大手ディベロッパーにとっては、建設後3年ないし5年ほど経過して故障発生率が低下する頃にメーカー有料保証を打ち切るほうが合理的です。これは、家電のメーカー保証期間が一般に1年で、多くの人が余計にお金をかけてまでオプションの5年保証を結ばないのと似たような発想です。

　風車は家電ではないので、メーカー保証が切れたからと言ってそのままほったらかしにするわけにはいきません。そのため大手ディベロッパーでは、初期のメーカー保証期間以降、主に自社スタッフが日常的なメンテナンスや事故・故障対応にあたることになります。

　資本が潤沢な大規模事業者であれば、教育研修も含め高い技術力を維持

するための人件費を惜しまず、また万一の故障の際の交換部品のストックやサプライチェーンも万全に準備することが可能です。さらに、修理のための特殊重機の調達も大手ならではの調達力で優位に働くかもしれません。したがって、たとえいくつかの風車が故障したとしても迅速に対応でき、事故後の発電不能時間（ひいては逸失利益）を最小限に抑えることができます。

大手ディベロッパーは「規模の経済」という点から、人材の育成や技術の蓄積、交換部品のストックで断然有利となります。またアメリカでは土地が広大で文字通り人里離れた場所にウィンドファームが建設されることが多いため、地主や地権者さえ了承すれば地域住民との摩擦はあまり多くなく、大手ディベロッパーが大規模開発をしやすいという環境もあります。このような潤沢な資本投入による大規模開発は、いかにもアメリカ的と言えるでしょう。本書ではこれを仮に「アメリカ型」と呼ぶことにします。

要は、後方支援をどう確保するか。

広い意味でのメンテナンスには、普段のルーチンワークの定期検査・定期補修（いわゆる普通の「メンテナンス」のイメージ）だけでなく、不測の事故や故障に対する迅速な対応がどれだけ整っているかという非常時の対応も含まれます。

事業に大きな打撃を与えかねない風車の長期運転停止の多くは、事故そのものより事故対応の不首尾が原因です（3.2および3.4節参照）。風車や太陽光が不測の事故や故障で発電不能となった場合、それに対して速やかに対応できる専門スタッフがいるか、現場に交換部品のストックがあるか、特殊部品や特殊重機が迅速に届くかどうか、というまさに「後方支援」の盤石な体制が鍵となります。

実はデンマーク型でもアメリカ型でもこの発想は共通であり、後方支援部隊を長期保守契約で第三者に一任しているか、自社スタッフとして自前で保有しているか、という違いしかありません。

16

さて、上記に見るようなデンマーク型やアメリカ型のメンテナンス体制に対し、日本ではどうでしょうか？ 日本では、市民が出資したり地方自治体が運営する小規模ウィンドファームが点在する一方、大規模事業者による比較的大きなウィンドファームも存在します。さまざまな規模の事業者が混在すること自体は、多様性という点で決して悪いことではないですが、日本はどうやらデンマーク型とアメリカ型が中途半端に混在しており、「いいとこ取り」ができている事業者や地域はまだまだ少ないようにも見受けられます。これは、メガソーラー、中小太陽光の場合にも同じことが言えます。

小規模事業者のメンテナンス体制は

　日本の自治体や組合などを含む小規模事業者の利点は、デンマークの個人風車・コミュニティ風車と同様に地元の理解や受容性が相対的に高いということが第一に挙げられます。しかしこのような利点があるものの、デンマーク型のような「長期稼働率保証」の契約を風車メーカーやメンテナンス会社と結んでいるところは必ずしも多くはないようです。

　またその割に、自前で専門メンテナンス要員や豊富な部品在庫を万全に用意しているかというと、そのような大手ディベロッパーは日本でも数社しかなく、全ての事業者がそれを行うのはなかなか難しいところです。

　その結果、万一事故があると自社スタッフによる現場対応だけでは間に合わず、メーカーに修理を依頼するも専門要員は海外から派遣されるとか、補修部品も海外から送られてくるなど余計なコストや待ち時間を強いられ、発電不能時間（ひいては逸失利益）が拡大してしまうケースがよく聞かれます。

　風車や太陽光パネルが日本メーカー製であればこのような人員・部品の輸送コストや調達時間はあまり問題にならないかもしれません。しかし、日本企業同士の場合、事故・故障原因がメーカーの設計不良にあるのか事業者の保守不備にあるのか十分解明されないまま、メーカーが保守契約外のサービス補修を強いられる（応じてしまう）ケースも耳にし

第1章　発電ビジネスは一にも二にもメンテナンス　| 17

ます。

　メーカーにとっては悪い風評が立たないか、次の契約に影響しないか、という打算も働くかもしれませんが、このような契約外の「あうんの呼吸」は極めて日本的な慣習かもしれません。しかし、市場原理に基づかない不透明な商習慣は、たとえそれが善意に基づいていたとしても、経済学用語でいうところの外部負経済（つまり市場価格に反映されない歪み）を産みやすく、長期的には確実に健全な市場発展を蝕みます。

　いずれにせよ、風車やパネルをたくさん持たない小規模事業者は、メンテナンス要員や部品ストックに万全のコストをかけるか、メーカーないし第三者への長期保守契約にコストをかけるか、事業計画の中で最適設計を考える必要があるようです。

大規模事業者の悩み

　一方、大規模事業者は人員やロジスティクス体制もある程度整備され、多少の事故・故障で事業リスクが拡大することはないように運用されていますが、地元との共生、地域の受容性に頭を悩ましています。

　大規模事業者による開発は、どうしても「地元対東京資本」、「住民対大企業」という構図になりがちで、特に日本において風力発電やメガソーラーに対する社会受容性が低いのは、この構図が原因の一端となっていると見ることもできます。

　逆にデンマークでなぜ風力発電が国民に高く受容されているかというと、市民がお金を出し合って建てた「マイ風車」が多く、風車が地元の人の副収入として認知されているからと言えます。デンマークでは、農業従事者の方や地元住民の方が自分たちの収入や地元経済の活性化のため、地元に風車を積極的に誘致しようとする傾向があります。このことは、デンマークの大手風車メーカーがもともと農機具メーカーから出発し、農業従事者とともに歩んできたという歴史的経緯にも関連します。

　一方、日本では風車は「迷惑設備が来た」と反対運動が起こるケースも少なからずあり、日本とデンマークには大きな落差があります。

多様性と共生が鍵

　それでは、日本では「デンマーク型」と「アメリカ型」のどちらがよいのでしょうか？ この問いに対して模範解答はありません。筆者は個人的に両者のほどよい共生がひとつの方向性ではないかと考えています。それが将来の「日本型」のメンテナンス体制に成長するのではないかと思っています。

　「両者の共生」とはいったいどのようなものでしょうか？ 例えばある自治体や出資組合が1基だけ風車を建てる場合、何を基準にどのような風車を選定すればよいでしょうか？ 単純に入札でどこのメーカーでもよいから建設費が安いだけで選べばよい話でしょうか？ そのヒントは、例えば斉藤純夫氏の著書『こうすればできる！地域型風力発電』[1.2]に見ることができます。同書では、地域の小規模事業者と大規模事業者のメンテナンス体制の協調・共有が提案されています。

　建設費は事業計画の中でも比較的重要なパラメータではありますが、所詮パラメータのひとつにしかすぎず、その基準のみで選んだとしてもちっとも全体最適化されたことにはなりません。メンテナンスや事業の持続可能性をも考慮に入れた場合、ひとつのソリューションとしては、近隣に建設されている大規模事業者のウィンドファームと同じ風車を選定することが考えられます。これにより、メンテナンス要員や補修部品が共有化でき、小規模事業者にとっては大きなコスト削減ができる可能性があるからです。

　このソリューションには大規模事業者にとってもメリットがあります。なぜなら、近隣の自治体風車やコミュニティ風車が「競合相手」ではなく「協調相手」になることにより、地元の理解や受容性が増す可能性があるからです。

　また、メンテナンス作業はマンパワーが必要なので、大規模事業者でもメンテナンス要員は地元雇用をするケースも多く、長い目で見れば地域の産業育成にもつながります。

　例えば風車のブレードはガラス繊維強化プラスティック (GFRP) でで

第1章　発電ビジネスは一にも二にもメンテナンス　19

きているため、落雷などで痛んだブレード表面の補修作業などは、地元の漁船修理の業者さんこそ得意とする分野だと言えます。風車を取り巻く産業構造として、製造業の二次産業・三次産業の裾野が議論されることも多いですが、実はメンテナンス部門も地域産業への貢献という点ではポテンシャルは大きいのです。

第3の道としてのドイツ型

最後にもうひとつの方向性として、「ドイツ型」と呼ぶべきものも紹介したいと思います。ドイツでもデンマークと同様、歴史的に市民風車やコミュニティ風車が盛んでしたが、最近は技術力の高い独立系ディベロッパーによる大規模開発やリパワリング（古い風車を最新の大形風車に立て替えること）が増えています。しかしそこでも地元の受容性は重視されており、プロジェクトの投資の一部を地元自治体や地元住民から募るなど、地元との共生が模索されています。つまりディベロッパーはコンサルタントや運営に徹し、風車を所有しない、というケースです。

このあたりは、最近日本語版が刊行されたマティアス・ヴィレンバッハー著『メルケル首相への手紙』[1.3]（いしずえ, 2014年）に、その哲学が静かにかつ熱く語られています。この「ドイツ型」が日本でそのまま適用できるかどうかは未知数ですが、いずれにせよ、社会受容性とメンテナンスという両者のマインドをバランスよく持つことが、日本での風力発電の大量導入を実現する鍵となるものと思われます。

このように「なぜ欧州では市民風車が成功したのか？」という現状分析をすると、実は市民の意識だけでなくメンテナンスというロジスティクスが戦略上の要になることがわかります。やはり発電事業は「攻める」だけでなく「守る」ことも大事です。市民の高い環境意識や政府の手厚い支援策はスポットライトが当たりやすく、もちろんそれも必要ですが、メンテナンス体制という舞台裏から見ると、日本型再エネ発電ビジネスのあるべき姿が見えてくるような気がします。

1.3　実はあまり語られないFITとメンテナンスの関係

　固定価格買取制度(FIT)の施行から5年が経過し、FIT見直し論も含め、さまざまな問題点の指摘や批判も聞こえてきています。しかし残念ながら、FITに関する多くの議論が、買取価格が高いか低いか、儲かるか儲からないかの狭い議論しか行っておらず、メンテナンスや事業リスクに関するFITの本質論が無視・軽視されているような気がします。そこで本節では、これまであまり語られていないFITとメンテナンスの関係について考察してみます。

　さて、「FITとメンテナンス」、両者にいったい何の関係があるのでしょうか？　一般の方ならいざ知らず、何の関係があるのかを想像できない事業者が仮にいるとしたら（いないことを祈りますが）、そのような事業者は…、発電事業をする資格はありません。

　敢えて厳しい言葉を選ぶと、「**メンテナンスに気を配らない発電事業者は、さっさと痛い目にあって淘汰されたほうがよい**」と筆者は考えています。そしてFITは、仮にそのような事業者が事業に失敗した場合でも**国民に負担をかけない**うまい仕組みであるということは、今までほとんど語られていないようです。ここが本節の論点です。

FITとRPSの根本的な違い

　FITはよく、似たような再生可能エネルギーの促進政策の一つであるRPS（再生可能エネルギー利用割合）と比較されます。日本では、2012年7月にFIT法（正式名称：電気事業者による再生可能エネルギー電気の調達に関する特別措置法）が施行されたと同時に、それまであったRPS法（正式名称：電気事業者による新エネルギー等の利用に関する特別措置法）が廃止されました。簡単に言うと、RPSは設備容量 (kW) に着目

第1章　発電ビジネスは一にも二にもメンテナンス　21

する制度であり、FITは発電電力量 (kWh) に関する政策です。

　FITは賦課金というかたちで電力消費者（≒国民）に広く薄く負担を
お願いすることにより成り立っている補助金制度の一種ですが、国民が
電力料金に上乗せされるかたちで支払ったFIT賦課金は、事業者の持つ
発電設備 (kW) に対してではなく、実際に発電した電力量 (kWh) に応じ
て事業者に渡される仕組みです。事業者がFITの恩恵を受けるには、た
だ発電設備を建てただけではダメで、より多くの発電電力量を生み出す
必要があります。

　一方、RPSは政策的に導入目標を義務付けるもので、補助金ではあり
ませんが、RPSを後押しするかたちで自治体などの補助金がかけられる
場合もありました。その場合、初期投資、すなわち設備容量 (kW) に対
して補助金がかけられることが多く、仮にいったん作った発電設備が途
中でトラブルにあって「やっぱりダメでした」と発電をやめると、建設
時に支払われた補助金は無駄になってしまいます。

　FITの賦課金はkWhにかかるため、仮に途中で事業失敗して発電を停
止したとしても、それ以降に発電されるはずのkWh分の賦課金を当該事
業者に支払う必要はないので、事業失敗は国民の負担も増やさず無駄に
もなりません。これが冒頭で「うまい仕組み」と述べたFITのもつ最大
の特徴です。

　このように、FITはRPSとは違い、箱モノ行政的な「作ったらおしま
い」を許す制度ではなく、きちんと発電を継続する事業者を支援するた
めの制度なのです。そして、発電電力量をきちんと稼ぐには、単に発電
設備を建設しただけではダメで、きちんとメンテナンスを行って事故・
故障リスクを下げ、発電を継続することが重要なのは自明でしょう。

「悪徳」事業者がFITで儲けるには？

　「FIT制度により国民が負担した金で一部の事業者が不当に儲けてい
る」という言説はFIT批判としてよく聞かれますが、実はこれは案外的
外れな論点であることが以上の議論からわかります。確かに再エネ事業

者はFITという制度により有利な条件でビジネスに参入することができますが、それは発電所を建てた瞬間から濡れ手に粟でがっつり儲ける…というイメージからはほど遠く、有利に設定されたFIT買取価格を得続けるためには、汗水たらしてメンテナンスを行って、真面目に発電し続けるしかありません。

仮に、高い買取価格に釣られて金目当てで発電ビジネスに手を出した「悪徳」事業者がいたとして、そのような事業者が投資を回収できるようになるまでには、イヤでもきちんとメンテナンスに気を配って人を育てて発電を継続しなければなりません。風力発電は稼働部が自然環境に露出しており、まさにノウハウの固まりのようなメンテナンスが必要になります。太陽光発電も「メンテナンスフリー」だと誤解する人もいますが、絶対に故障しない工業製品はこの世に存在しません。発電事業は、メンテナンスにかける人や金をケチってほったらかしのまま資金回収ができるまで無事故でいられるほど甘くはありません。事業リスクはさまざまにあります。

FITでは建設時に手厚い補助金を得てあとは知らんぷりということもできないので、「悪徳」事業者が頑張って発電を継続して投資した資金を回収してFITの恩恵を受ける頃までに、「悪徳」であり続けることはどうやら難しそうです。また仮に、本当に「悪徳」が祟って発電が継続不可能になるほどの致命的な事故や近隣住民とのトラブルを起こし、事業に失敗してしまったとしたら、そのような悪徳事業者は投資を回収できず、FITの恩恵に浴する前に淘汰されることになります。国民の懐は痛みません。めでたし、めでたし。

FITの理念と理想

FIT買取価格が高く設定されている理由も、単に部品価格や建設コストの要因だけでなく、上記の事業リスクを低減させるための手段として考えることができます。再生可能エネルギーは新しい技術ゆえに未知のことも多く、特に10年20年と長期間運転を継続させるためにはどうした

第1章 発電ビジネスは一にも二にもメンテナンス | 23

らよいかという技術やノウハウは、一部の先見性のある「イノベーター（先駆者）」を除いてほとんど蓄積されていません。そのような成長が期待されるもののまだリスクが残る分野では、最初に冷たい水に飛び込む勇気のある「アーリーアダプター（早期採用者）」がある一定の数いなければならず、彼らやその支援者（投資者）を募集するためには、それなりの魅力的なインセンティブが必要です[注1.1]。

　また、FITの買取価格が年々下がったり、ドイツやデンマークがFIT制度をやめてFIP（フィードインプレミアム）などの別の制度に移行したことを以て「FITは失敗した」と誤解する人も多いですが、漸減的に買取価格を低減させていったり、ある段階でFIT制度を廃止（「卒業」と言ってもよいかもしれません）することはそもそもFIT制度では最初から織り込み済みです。人が飛び込んだのを見てからそれに追従する「アーリーマジョリティ（前期追随者）」に、アーリーアダプターと同じ恩恵を与えるのは経済的合理性がありません。それゆえ、認定を受けたにも関わらず発注や着工を遅らせる行為は、相当に「チート（ずる）」だと見なされるわけです。

　中には土地だけ押さえて形式的に認可を取って転売を目論むブローカーも少なからずいると聞きますが、そのようなチートな業者も、買い手がつかないまま権利を持て余しているだけでは一銭も得にならず、結果的には国民負担とはなりません。発電をしない限り（しかも相当の努力を払って発電を継続しない限り）FITの恩恵にあずかることはできないからです。

　現実には、「FITだから必ず儲かる！」というものではなく、事業失敗の例は海外でも少なからず見受けられます。例えば、2014年1月にProkonというドイツの大手風力事業者が倒産しました。このことを受けて「やっぱり風力はダメだ」、「FITはダメだ」という報道やネット記事も散見されました（日本語の記事ではProkonが風車メーカーだとしているものもあり、このような初歩的な誤報は論外ですが…）。Prokonの破産の原因は事故や故障ではなく、過剰投資による資金繰りの行き詰まりのようですが、これによって一番損をしたのは実はFIT賦課金を払ったドイツ国

民…では、全くありません。損をしたのは、出資した資金が戻ってこない出資者です注1.2。

　つまり上記の事例では、勇気あるアーリーアダプターがチャレンジの上、惜しくも敗れたというだけであり、Prokonが所有していた風車のほとんどは他の事業者に買収され、運転を継続してドイツ国民の便益に貢献し続けています。この例からもわかる通り、アーリーアダプターのうち何人かが冷たい水に飛び込んで失敗することが多少あったとしても、それ自体がFITの失敗でもなければ、国民負担の増大でもなければ、ましてや再生可能エネルギーの後退でもないことは言うまでもありません。

　イノベーターやアーリーアダプターが高い買い取り価格の恩恵にあずかり首尾よく資金を回収した暁には、量産効果で部品コストや建設コストも下がり、メンテナンスも含めて技術やノウハウが確立され、より低コストでさらなる再エネ導入が促進される土壌が形成されます。そのような事業者は、おそらく儲けたお金を次の発電所建設に投資し、確立したメンテナンスのノウハウを活かしてさらに効率よく発電を行うことになることが期待されます。これが本来のFITの理念です。

　日本の現行のFIT制度は確かに冒頭に挙げたようないくつかの問題点が指摘されていますが、問題点を挙げつらねてあら探しするだけでは未来はありません。まずはFIT制度の理念を再確認し、問題点にどう対応して微修正していくかを議論していかなければならないと思います。

||||||||||||||||||||||||||||||||||||||||||||||||||||||||||||||||||||||||||

注1.1：ここで登場する「イノベーター」、「アーリーアダプター」、「アーリーマジョリティ」はイノベーター理論で有名なエベレット・ロジャーズが提唱した用語です。詳しくは、E. ロジャーズ：「イノベーションの普及」（翔泳社, 2007年）をお読み下さい。また、このイノベーター理論を応用した再生可能エネルギー政策の解説は P. Komor: Renewable energy Policy, 2004, iUniverse（未邦訳）などに見られます。

注1.2：日本でもFITが施行されてから5年経って、2016年までに約200件の太陽光関連企業の倒産が報告されています(1.4)。

||||||||||||||||||||||||||||||||||||||||||||||||||||||||||||||||||||||||||

第1章　発電ビジネスは一にも二にもメンテナンス　｜　25

第三者に迷惑をかけるケースは避けなければならない

　本節では、「FITは事業失敗があった場合でも国民に負担をかけない仕組みである」ということを見てきました。しかし、単なる一事業者の事業失敗だけに終われば問題ないのですが、第三者に迷惑をかけるようなトラブルに発展するケースは要注意です。本節の最後に、そのことについても明記しておきたいと思います。想定できるケースとしては、

1. 事故や故障の度合いが大きく、人身事故に発展したり、社会的に大きな影響を及ぼすケース
2. 事故や故障により発電が継続できなくなり、撤去費用もままならず放置されるケース
3. 故障続きで稼働率や設備利用率が著しく低いにも関わらず、系統連系の接続容量を確保し続けるため、他の新規電源の接続が困難（もしくは高コスト）になるケース

などが考えられます[注13]。これらは直接的にはFIT制度とは関係なく、発電事業を行う限り常に発生する可能性があるもので、「外部不経済（第三者へ及ぼす負の効果）」が発生する典型例として挙げられます。単に一事業者のビジネス上の失敗であれば、それは市場原理の枠内ですし、FITの原理上、国民に負担はかかりません。しかし、上記のような外部不経済の発生を起こさないためには、やはりこの分野のステークホルダー全員が協力して事故や故障のリスクを低減させる努力をし続けなければなりません。

　冒頭で筆者が述べた「さっさと痛い目にあって淘汰されたほうがよい」という表現は、このような外部不経済を発生させないための警鐘でもありますが、これは必ずしも悪徳事業者の倒産や事業撤退だけを意味するのではなく、失敗を糧にメンテナンスに気を配る優良事業者に生まれ変わるケースもきっとあるだろう、という願いも込められています。

||||||||||||||||||||||||||||||||||||||||||||||||||||||||||||||||||||||||||||||||||||||||||||||||||||||||||||||||||||||

注1.3：本稿のオリジナルは2014年9月時点で風力発電のことを想定して書いた文章でしたが、それから3年経って、まさに今現在、太陽光発電の分野でリアリティが増しているように思えます。不適切な設計による太陽光発電所のトラブルや事故の報告が増えつつありますが、「痛い目にあって淘汰される」太陽光事業者は今後かなりの数に上るのではないかと筆者は予想しています。

同時に、事故や経営破綻で不適切に放置される太陽光発電設備が万一これらか出てきた場合に、周辺住民や自治体に負担をかけないよう、撤去費用基金のようなかたちで、産業界全体でフォローする仕組みづくりが急務です。

||||||||||||||||||||||||||||||||||||||||||||||||||||||||||||||||||||||||||||||||||||||||||||||||||||||||||||||||||||||

2

第2章　メンテナンスとリスクマネジメント

◉

2.1　リスクマネジメントってみんな言うけど

「リスクマネジメントは重要ですね」と、最近では誰もが言うようになっています。もはや流行語の一種で、「ビジネスマンだったらこの言葉は知っていて当然」という風潮かもしれません。でも、リスクマネジメントって実際のところいったい何でしょうか？ そして、風力・太陽光発電の分野でリスクマネジメントを考えるとなると、具体的にどのようなものになるのでしょうか？

風力発電をはじめ再生可能エネルギーを大量導入するためには、ただ発電設備を建てまくるだけでは立ち行かず、持続可能なかたちでそれを維持管理し、発電を継続することが肝要です。「攻める」だけでなく「守る」ことが大事、というコンセプトは既に第1章で紹介した通りです。その点で、リスクマネジメントは避けて通れません。

本来、すべてのエンジニアリングにはリスクマネジメントのマインドが必要

書店でビジネス書のコーナーに行くと、リスクマネジメントに関する書籍はいやというほど目に入ります。その多くがビジネスリスク、すなわち企業経営や事業運営に関するリスクを取り扱っています（ビジネス書だから当たり前ですね）。一方、理工系書のコーナーに行くと、よほどの目的意識を持って探さない限り、リスクマネジメントを前面に押し出す本を見つけるのは至難の業です。

学術的には安全工学や信頼性工学、さらには防災工学や環境工学などでリスクおよびリスクマネジメントを論じる分野もありますが、数ある理工系図書の中では圧倒的に少数派です。本来、実体のある「モノ」を作ってそれを動かす行為には、そのモノが巨大になるほど、あるいは多

数になるほどリスクがついてまわります。

　その点で、本来すべてのエンジニアリングにはリスクマネジメントのマインドが必要、つまり、リスクマネジメントにはエンジニアリング的な視点も重要なはずです。しかし、その両者を結びつける発想はまだまだ一般には十分認知されていないのかもしれません。

　発電ビジネスは電気を売ることですが、電気を売るためにはそれなりに大きなモノ＝発電設備が必要となります。したがって、そこには単に経営的なリスクマネジメントだけではなく、エンジニアリング的な観点からのリスクマネジメントが必要となります。事業にはさまざまなリスクが考えられますが、実際のモノに対して最も重要なリスクとは、故障や事故、そして環境影響が挙げられます。

　故障や事故は単純に修理コストや機会コスト（≒逸失利益）を増やすという当該事業者の経営上のリスクだけでなく、第三者の生命・財産の毀損を引き起こす可能性もあり、さらに再エネ自体の社会受容性を低下させるという社会全体のリスクにまで発展します。

　風車や太陽光パネルの故障や事故は、製造者・施工者の設計・製造・施工不良が原因で起こる場合もありますが、事業者のメンテナンス不足や不適切なメンテナンスに起因するものも多く報告されています（第3章で詳述）。さらに、事故対応の不手際で発電不能時間が長期化し、稼働率や設備利用率を大きく落とすケースもしばしば見られます。その点でやはり、メンテナンスを過小評価するということはリスクマネジメントに関心を払わないことと同義だと言えます。

リスクマネジメントとエンジニアリングの歴史的関係

　リスクマネジメント自体は20世紀に入ってから体系化された概念ですが、この概念自体は人類の歴史上、相当古くまで遡ることができます。

　「保険」というシステムはリスクマネジメントの一形態ですが、特にエンジニアリングとの関連で言えば、船舶に関する保険（海上保険）があります。一説には、紀元前のギリシャで既に原型となる仕組みが生まれ

第2章　メンテナンスとリスクマネジメント｜31

ていたとも言われており、中世ヨーロッパの地中海交易で発展しました。

当時の帆船は、例えて言うなら現在のロケットやスペースシャトルに匹敵するくらい最先端の科学技術を駆使した「工業製品」であり、巨額のイニシャルコストが必要でした。保険は宝石とか香辛料といった積み荷に対してだけではなく、帆船が失われた時の損失を軽減するために、「帆船そのもの」に掛けられたということは注目に値します。

このように、巨額投資が必要になる設備の損失リスクを分散するために「保険」というシステムが生まれたということは、エンジニアリングの観点からも非常に興味深いものがあります。再生可能エネルギーにあてはめると、帆船が風車や太陽光パネルに、積み荷が電力量に相当します。

このように海上保険は、保険やリスクマネジメントの歴史の中でも最も早い段階から整備され、理論的体系化に取り組んできたと言えます。20世紀に入り、船舶の動力が化石燃料（重油）になり、さらに化石燃料自体を積み荷として運搬するようになると、万一事故があった場合に船舶や積み荷が失われるだけでなく、重油流出による環境汚染事故では、そのコストを遥かに上回る損害賠償を行わなければならなくなる可能性も出てきました。

ここまで来ると、保険やリスクマネジメントはもはや一企業の経営や事業だけの問題ではないことがわかります。保険に加入するためには、船が座礁しても重油が流出しないようにするための船底の二重構造化などの「技術的対応」が必須になり、他にも万一重油が流出した場合の回収技術、その場合の環境影響評価など、船舶に関連するリスク対策は、エンジニアリングに直結するものが非常に重要なウェイトを占めています。

リスクマネジメントの基本的な考え方

さてここで、リスクマネジメントの基本的な考え方を整理しておきます。まず、そもそも「リスク」とは何でしょうか？ いくつかの日本工業規格 (JIS) では、リスクおよびリスクマネジメントについて規定していますが、その中でも JIS Q 0073:2010『リスクマネジメント – 用語』がよ

32

く知られています。そこでは、「リスク」を「目的に対する不確かさの影響」と定義しています。またここで「影響」とは、「期待されていることから、好ましい方向及び／又は好ましくない方向にかい（乖）離することをいう」と注記されています。表2.1にリスクマネジメントに関する主な用語の定義を列挙します。

定義文だけでは無味乾燥でイメージしにくいので、図を使って説明しましょう。リスクマネジメントに関してはさまざまな理論書や解説書が出ていますが、図2.1のようなマトリクスが概ね共通する概念になっています。

図2.1　リスクマネジメントのマトリクスとリスク対応例

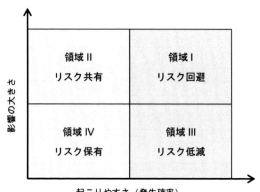

この図では横軸にある事象（イベント）の起こりやすさ（定量的に評価できる場合は発生確率）、縦軸にその事象の結果（影響の大きさ）を取っています。この空間の中で、さまざまな事象がさまざまな確率や影響度で発生する可能性があり、まずそれらを可能な限り数え上げる（リスク特定する）ことが重要な鍵となります。それらの事象に対し、どのようにリスク対応すべきかについて大きく分類したものが図のマトリクスです。

ここでは、リスクの起こりやすさと影響の大きさに基づいて大きく4つの領域に分類してあります。それぞれの領域の条件やそのリスクに対

第2章　メンテナンスとリスクマネジメント　33

表2.1　リスクマネジメント関連の主な用語と定義（文献(2.1)より抜粋して引用）

用語	英語	定義
リスク	risk	目的に対する不確かさの影響。 注記(抜粋)：影響とは，期待されていることから，好ましい方向及び／又は好ましくない方向にかい（乖）離することをいう。不確かさとは，事象，その結果又はその起こりやすさに関する，情報，理解若しくは知識が，たとえ部分的にでも欠落している状態をいう。
ハザード	hazard	潜在的な危害の源。 注記：ハザードは、リスク源となることがある。
リスク源	risk source	それ自体又はほかとの組合わせによってリスクを生じさせる力を本来持っている要素。 注記：リスク源は，有形な場合も無形な場合もある。
リスクマネジメント	risk management	リスクについて，組織を指揮統制するための調整された活動。
リスク特定	risk identification	リスクを発見，認識及び記述をするプロセス。
リスク分析	risk analysis	リスクの特質を理解し，リスクレベルを決定するプロセス。
リスク評価	risk evaluation	リスク及び／又はその大きさが，受容可能か又は許容可能かを決定するために，リスク分析の結果をリスク基準と比較するプロセス。
リスクアセスメント	risk assessment	リスク特定，リスク分析及びリスク評価のプロセス全体。
リスクマトリックス	risk matrix	結果及び起こりやすさの範囲を明確化することによって，リスクの順位付けと表示を行う手段。
リスクレベル	level of risk	結果とその起こりやすさの組合せとして表現される，リスク又は組合わさったリスクの大きさ。
リスク受容	risk acceptance	ある特定のリスクを取るという情報に基づいた意思決定。
リスク対応	risk treatment	リスクを修正するプロセス。 注記(抜粋)：好ましくない結果に対処するリスク対応は，"リスク軽減"，"リスク排除"，"リスク予防"及び"リスク低減"と呼ばれることがある。
リスク回避	risk avoidance	ある特定のリスクにさらされないため，ある活動に参画しない又はある活動から撤退するという，情報に基づいた意思決定。
リスク共有	risk sharing	他者との間で，合意に基づいてリスクを分散することを含むリスク対応の形態。
リスク保有	risk retention	ある特定のリスクにより起こり得る利益の恩恵又は損失の負担を受容すること。

してとるべき行動や事例を整理すると、表2.2のように説明できます。こ
こでは、「リスク回避」、「リスク共有」、「リスク低減」、「リスク保有」と
いうリスク対応をとるべきであることが示されています。

表2.2　リスクの分類とその対応

領域	事象の発生確率	事象の影響の大きさ	リスクの大きさ	主な対応方法	対策事例
I	大	大	許容できないリスク	リスク回避	事業撤退など
II	小	大	許容できるリスク	リスク共有	保険・外部委託など
III	大	小	許容できるリスク	リスク低減	品質改善など
IV	小	小	受容できるリスク	リスク保有	定期メンテナンスなど

　なおこのマトリクスは、文献によってはより階層的なマトリクスになっ
ていたり、各領域の境界が複雑に入り組んでいるものもありますが、こ
こでは最もシンプルでわかりやすい分類法を紹介しています。より複雑
なリスクマトリクスとその考え方に関しては、経済産業省から発行され
ている『リスクアセスメントハンドブック（実務編)』などが参考になり
ます[2.2]。

　このように、起こりうるリスクに対してすべて画一的な対策をとるの
ではなく、発生確率や影響の度合いに応じて、階層的に分類し、それに
見合った適切なリスク対応をとることが合理的であることがわかります。
これがリスクマネジメントの原則となります。

　以下は具体的に風力・太陽光発電の例に則して、リスクマネジメント
に基づいたリスクの分類やその対応などを説明します。

領域I: リスク回避

　まず領域Iは、好ましくない事象が発生しやすくその影響も大きな場
合です。この場合、リスクは許容できないものになりますので、原則と
して「リスク回避」の行動がとられます。一般論としては事業撤退や製

第2章　メンテナンスとリスクマネジメント　35

品回収などですが、風力や太陽光の例としては、冬季雷に対する耐雷設計に十分な知見を持たない事業者は日本海側に風車を建てないほうがよいとか（第3章3.3節参照）、住民の受容性があまり高くない地域では無理に事業を進めないというのもひとつのリスク回避の選択かもしれません。ちなみに、このような考えを推し進めると「ゾーニング」という手法に発展しますが、ドイツやイギリスなど欧州諸国に比べ、日本ではこのゾーニングの考え方による合理的な適地選定方法はまだまだこれからであるように思えます注2.1。

　「勇気ある撤退」という言葉もある通り、このリスク回避の判断の見極めを誤ると組織全体はおろか社会全体にも甚大な影響を与えることになりかねません。もちろん、他人が手を付けない領域に何らかのイノベーションを行って発生確率を減らしたり影響度を低減させることができれば、よりリスクの小さい領域ⅡやⅢに移行することができ、そこにビジネスチャンスが生まれることは言うまでもありません。

||||||||||||||||||||||||||||||||||||||||||||||||||||||||||||||||||||||||||||||||||
注2.1：本書のテーマはメンテナンスなので、ゾーニングに関しては詳しく述べませんが、リスクマネジメントの観点からは、ゾーニングや社会受容性への配慮は、メンテナンスと並び発電ビジネスにあたっての重要なポイントとなります。風力・太陽光発電のゾーニングに関しては、日本語で読める資料が少ないのが現状ですが、数少ない例外として、文献(2.3)、(2.4)のような資料が役に立つと思われます。
||||||||||||||||||||||||||||||||||||||||||||||||||||||||||||||||||||||||||||||||||

領域Ⅱ: リスク共有

　領域Ⅱは、発生確率は小さいが影響が大きい場合で、例えば保険などを活用してリスクを外部化することで対応できます。前節の冒頭で「保険はリスクマネジメントの一形態」と述べたのはこの領域に相当します。また、1.2節でも述べた通り、稼働率保証などでメーカーや専門メンテナンス業者にメンテナンス作業を外部委託するのもこの範疇に入ります。

　保険という形態は事業リスクの低減方法としては最もポピュラーな方

法ですが、エンジニアリング的な観点からは、**事故リスクの低減にはあまりつながりません**（例外として、適切な対策がとられていない場合は保険が支払われない可能性もあり、その審査を厳しくすることによって保険が事故リスクの低減に寄与するケースはあります。2.4節で後述します）。

事故を未然に防ぐ、あるいは事故の影響度を軽減させるには、情報や技術の共有が必要になりますが、これが意外と疎かにされがちです。特に日本では、これらは個別の技術者の個人的努力など現場対応に立脚する場合が多く、契約や取引というかたちで組織的・経営的戦略の中にきちんと組み込まれ評価されているかは疑問符が付くところです。経験の浅い事業者や規模の小さい事業者こそ、本来この領域の対応を見誤らずに周到に戦略を練らなければならないと筆者は考えています。

さて、風力発電や太陽光発電において発生確率が比較的低いが影響度が大きい事故と言えば、落雷によるブレード落下事故や台風によるパネル飛散事故が挙げられます。

風力発電の落雷による被害は、対策が十分確立されていなかった2000年代初頭に比べ重大事故は減りつつありますが、2013年から2014年にかけての冬季、立て続けに大きな事故が発生し、社会問題にもなっています。これらの一連の事故では、一部明らかにメーカーの設計不良に起因するものもありますが、その多くは、定期メンテナンスが適切になされていなかったり、引下げ導線（ダウンコンダクタ）の断線や翼（ブレード）の微小なクラックなどの不具合を見落としていた可能性がある、という傾向を持っています（3.2節参照）。

また、発生頻度はもっと低いですが、たいした風速ではないのにナセル落下やタワー倒壊という重大事故を起こした事例も2013〜2014年に立て続けに発生しました。これらの重大事故の中にも、定期メンテナンス時の不具合の見落としや不適切な修理が原因のものがあります。

重大事故が発生する潜在的リスクを低減するためには、それなりのコストをかけて自前で専門技術者を養成するか、それなりの対価を払って外部に委託するかなど何らかの対策をとる必要があり、ここにかけるコストを疎かにすることはできません。これをないがしろにすると、万一

の事故の際の影響度が上がったり発生確率が増大したりして、あっという間に領域Iの許容できないリスクに移行し、「リスク回避」(事業撤退)を余儀なくされてしまいます。図2.2にこの領域の重大事故の対策イメージを示します。

図2.2　領域IIの事故の対策例

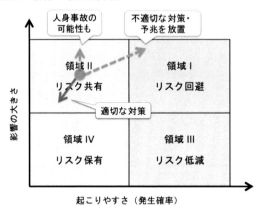

領域III: リスク低減

領域IIIは、発生確率は大きいが影響度は小さい場合で、メーカーであれば品質改善などのリスク低減策がとられます。再エネ発電設備のメンテナンスに関して言えば、事故対応やヒヤリハットなどを含む不具合・異変に対する適切な対応がこのリスク低減策に相当します。

例えば、領域IIのところで述べたように、落雷で風車ブレードやその他の構成部品が落下したり飛散したりする事例に関しては、たった1回の落雷で重大事故が発生することは極めて稀だということが明らかになっています (3.2および3.4節参照)。事故調査報告を詳細に読むと、多くの場合、ブレードのわずかな亀裂に気づかなかった可能性があるとか、引下げ導線が断線していた可能性があるなどのメンテナンス不備が示唆されています。また、台風で飛散した太陽光パネルの多くが法令で定められた適切な耐風速荷重設計になっていなかったり、施工後数年で腐食や

土壌流出を起こしていた可能性があることも指摘されています。

　小さな雷で生じたクラックや経年劣化、腐食などによる不具合も、早期に発見し、その都度対応すれば修理コストも逸失電力量も最小で済みますが、それに気づかず放置すると、領域Iに移行し、事態は深刻化します。これを防ぐためには適切な精度のセンサを追加したり、運転中止や継続を適切に判断できる技術員の訓練・教育など、メンテナンスに関わる不断の努力が必要です。メーカーが製品のクオリティ（品質）を向上させるのと同様、メンテナンスのクオリティ（質）を上げることにより、リスクを低減させることが可能となります。

　逆にいうと、メンテナンスのクオリティを維持する努力をし続けないと、リスクが上昇する危険性が常にあると言えます。しかも、この「努力」は現場の技術者に個人的に押し付けるものではなく、組織の中でそれをサポートでき客観的に評価できるものでなくてはなりません。図2.3にこの領域の事故の対策イメージを示します。

図2.3　領域IIIの事故の対策例

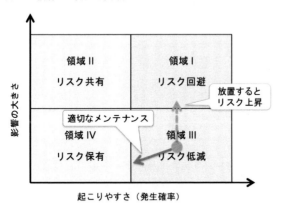

領域IV: リスク保有

　最後に領域IVは発生確率も影響度も小さい場合で、ここではリスクが容認されますが、リスクを放置したり無関心でいると、徐々に発生確率

や影響度が上がり領域IIやIIIに移行してリスクが上昇してしまうので、定期的なチェックが必要です。これが狭義の（定期的な）メンテナンス作業に相当します。

例えば、落雷により制御装置やセンサなどの低圧機器が絶縁破壊してしまうケースが考えられますが、部品のストックがあり迅速に現場対応できるのであれば、無理にコストをかけて事故防止対策をするより事後対応のほうが、費用対効果が高い場合もあります。

もちろんその場合でも、補修部品や特殊工具のロジスティクスが確保できているか、適切に現場対応できる熟練した技術者を配備できるか、制御やセンサの不具合がある場合でもフェイルセーフシステムが十全か、などを考慮しなければなりません。それらに十分な配慮がない場合、ちょっとした小さな事象でもあっという間に重大な事故に発展してしまう可能性があることは言うまでもありません。

また、一部の風力事業者や太陽光事業者が軽微な故障を起こしたあと、数ヶ月から半年経っても復旧できないケースも報告されています（3.2および3.5節参照）。このようなケースはもはや技術的問題ではなく、修理や部品供給の契約の不備などの経営に関する問題であり、発電ビジネスとしてはもはや失格です。

リスクの容認とは、リスクを忘却することではありません。リスクを忘れた瞬間に、リスクは増大します。

今回示したイメージ図はあくまでわかりやすい説明のために簡略化した模式図なので、実際の現場の事例では、そのサイトの自然環境や技術的・経営的な環境に則して、個別にリスクを特定・分析・評価しなければなりません。しかし、このように起こりうるリスクに対してすべて画一的な対策をとるのではなく、発生確率や影響の度合いに応じて分類し、それに見合った適切なリスク対応をとることが合理的と言えます。これがリスクマネジメントの基本です。

40

2.2　発電ビジネスとアセットマネジメント

　本書は風力発電や太陽光発電など新しい発電方式である再生可能エネルギーの発電ビジネスにおけるメンテナンスの重要性が主なテーマですが、再エネ発電ビジネスは若い成長分野であるということもあり、また固定価格買取制度 (FIT) の下、新規参入者も爆発的に増えていることもあってか、メンテナンスの理念がまだまだ全ての再エネ事業者の経営戦略の中に浸透しきれていないと筆者は感じています。あるいは、理念としては理解していても、抽象的すぎて実際にどう行動すればよいかわからない、という声もよく聞きます。

　メンテナンスの重要性を合理的に体系化することは、学問的にも興味深いものです。例えば工場など生産部門における品質管理や事故防止対策としては、管理工学や安全工学などの分野で長い蓄積があります。また、土木工学の分野では、道路や橋梁などの社会インフラの維持管理の科学的方法論として予防保全やアセットマネジメントという概念があります。再エネビジネスはまだまだ若くて歴史の浅い分野ですが、他の分野に目を転じれば先人たちの叡智が蓄積しており、これに学ばない手はありません。

　そこで本節では、発電ビジネスの経営者や電気工学系の研究者・技術者にとってはあまり馴染みのない「アセットマネジメント」という土木工学の概念を紹介し、発電ビジネスへの応用を考えてみたいと思います。

アセットマネジメントとは

　アセットマネジメントとは、世間一般には投資資産管理という意味で使われることが圧倒的に多いかもしれませんが、今回紹介する学術用語としての「アセットマネジメント」はこれとは異なります。例えば、土木学会によると、アセットマネジメントは、

第2章　メンテナンスとリスクマネジメント　41

・国民の共有財産である社会資本を、国民の利益向上のために、長期的
視点に立って、効率的、効果的に管理・運営する体系化された実践活
動。工学、経済学、経営学などの分野における知見を総合的に用いな
がら、継続して（ねばりづよく）行うものである。（下線筆者）

と説明されています(2.5)。また、コンクリート工学協会では、

・構造物（資産）マネジメントは、構造物の点検・修繕と予算・会計等
のより広義のマネジメントとのインターフェースと位置づけられる。
つまり、工学的観点と経済的観点との融合分野と考えられる。（下線
筆者）
・この構造物（資産）マネジメントにおいて必要となる検討要件は、以
下のように要約される。
  (a) 構造物の性能（機能）水準の現在の状態の把握
  (b) 構造物の性能（機能）低下に体する将来の状態の予測
  (c) 構造物の性能（機能）低下過程のモニタリング
  (d) 費用対効果の評価を含めた適切な部位およびタイミングでの維持・
補修・更新のルール化

と述べられています(2.6)。つまり、土木工学用語としての「アセットマネ
ジメント」は、もともと公共財としての道路や橋梁などの維持管理を合
理的に体系化することから始まった学問体系であるといえます。

アセットマネジメントとライフサイクルコスト

アセットマネジメントにおいて、意思決定の判断のために用いられる
一般的な指標として、ライフサイクルコスト (LCC) の最小化がまず挙げ
られます。LCCは、道路や橋梁などの社会インフラだけでなく工業製品
全般（もちろん風力発電や太陽光発電にも）用いられるもので、構造物
の計画・設計・維持管理の供用期間内で計上される総費用を指します。

LCCは、以下の式で定義できます。

LCC = 初期建設費 + 維持管理費 + 処分費 + リスク　　　　(数式2.1)

上式を、数式を用いてより専門的に書くと下式のようになります[27]。

$$LCC = I + \sum_{i=0}^{n} c_{mi} + c_d + \sum_{i=0}^{n} \sum_{all\_j} P_{ij} c_j \qquad (数式2.2)$$

　ここで、Iは初期建設費、nは供用期間、c_{mi}は修繕・更新・点検に伴う維持管理の毎期費用、c_dは施設の最終処分費用、添字iは期数（経過年）を表します。また、第4項はリスクを表す確率変数であり、P_{ij}は破壊・損傷の生じる確率、c_jは損失額、添字jは破壊・損傷の種類を示しています。
　例えば本書では「太陽光発電はメンテナンスフリーではない」とたびたび訴えていますが、太陽光がメンテナンスフリーだと誤解する（あるいはメンテナンスコストを過小評価する）経営者や投資家は、第2項以下の「維持管理費」や「リスク」に関してあまり関心を払っていない可能性があります。特に第2項の「維持管理費」に対する適切な投資は、結果的に第4項の確率的な「リスク」にも大きく影響を与える可能性があります。この予測や想定を誤ると、人身事故の発生や社会受容性の低下など深刻な事態を招くことになりかねません。

パフォーマンス曲線とシナリオ分析

　供用期間内のLCCを最小化するには、数式2.2のような複雑な式を解かなければなりませんが、ここではまず、第2項の「維持管理費」について考えたいと思います。ここで注目しなければならないのは、維持管理のシナリオです。図2.4に示すように、維持管理には複数のシナリオが存在し、例えば使用限界まで使って大規模な補修をする「シナリオ1」と、小規模な補修を定期的に繰り返す「シナリオ2」などが考えられます（維持

第2章　メンテナンスとリスクマネジメント　43

管理シナリオはこれ以外にもさまざまな組み合わせで複数存在します)。

実際のLCCのシナリオ分析では、図2.4のような健全度の経年的な低下を示すパフォーマンス曲線をさまざまな部材や破壊・損傷の種類によって定量的に求め、補修のシナリオも対象や内容によって可能な限り定量化して分析が進められます。パフォーマンス曲線は、土木工学の世界では、機器故障であればポアソン分布、老朽化・劣化であればマルコフ連鎖モデルなど、工学的・数学的な理論が用意されています。

図2.4に示すような単純化された2つのシナリオの比較例からわかることは、使用限界まで使って大規模な補修をする「シナリオ1」よりも、適切に計画された小規模な補修を定期的に繰り返す「シナリオ2」のほうが、結果的にトータルの維持管理費が安くなる可能性があるということです。「壊れたら取り替えるという発想は高くつく」あるいは「定期的にこまめに修理したほうがかえって安くなる」という考え方が、グラフから直感的にわかるかと思います。

図2.4 維持管理シナリオとコスト（文献(2.7)を元に筆者改変）

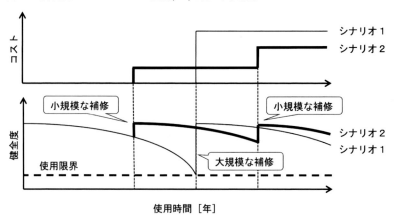

風車や太陽光パネルといった発電設備は、比較的寿命が短い電気製品というイメージではなく、耐用年数が長く、コストをかけて修理しないと確実に摩耗・疲労する道路や橋梁のイメージに近いかもしれません。そのような設備の維持管理をどのように合理的に行うべきか、というヒ

ントがアセットマネジメントにあります。「なぜわざわざコストをかけて
もメンテナンスをする必要があるのか」という素朴な問いに対する回答
は、図2.4のようなグラフを見れば一目瞭然です。

リスクと費用便益分析

　さて、ここまでの議論は、数式2.1および数式2.2の第2項の「維持管理
費」についてのみの考察でした。さらにLCCを決定する重要なパラメー
タとして、第4項の「リスク」に関する検討が必要です。このリスクに
は、故障や事故の際の損害（負の利益）も当然ながら含まれますが、ア
セットマネジメントの考え方では「社会的損失」も含まれます。社会的
損失とは外部負経済（負の便益）であり、道路や橋梁では、交通事故や
交通規制による損失としてのユーザーコストや、騒音や振動など周辺住
民が被る影響など環境コストが含まれます。

　したがって、アセットマネジメントでは工学的なLCCの分析だけでな
く、経済学的な観点から費用便益分析 (CBA: Cost Benefit Analysis) も
行われるのが一般的です。道路や橋梁のCBAと同じく、ここでは一企業
の利益（プロフィット）だけでなく社会全体の便益（ベネフィット）を
考えることが重要です。

　風力発電や太陽光発電の場合にあてはめると、一事業者が適切なメン
テナンスに対する投資をしなければ、図2.4のシナリオ1のようにかえっ
て維持管理コストが上昇し、経営状態を悪化させます。この時点では当
該事業者の利益（プロフィット）の問題に過ぎず、事業破綻も単なる自
己責任の領域に留まりますが、不適切なメンテナンス計画により健全度
が下がり、万一、第三者の生命や財産を脅かす事故を発生させてしまっ
た場合、その社会的損失は計り知れないものになります。

　また、ひとつの事故が元で他の健全な設備に対する社会受容性が低下
したり、長期に発電していないにも関わらず系統の容量を無駄に占めて
他の新規電源が接続できなくなったとしたら、それも外部負経済を発生
させることになります。すなわち、数式2.1および数式2.2の第4項のリ

第2章　メンテナンスとリスクマネジメント　45

スクを増大させることになります。

アセットマネジメントから学ぶべきもの

　このようにアセットマネジメントでは、工学的な観点と経済学的な観点の両者の視点から、可能な限り定量化された分析が行われます。土木工学でこのようなアセットマネジメントの概念が発達したのは、道路や橋梁を公共財として維持管理するのは国や地方自治体であるため、維持管理コストの合理性を**国民に説明しなければならない**からです。

　その点で、「国民への説明」が求められるのは、風力や太陽光などの再エネ発電設備も同様です。発電ビジネスのアセット（発電所）は、厳密には経済学的に言うところの公共財ではありませんが（公共財は非競合性かつ非排除性の財と定義されるので）、純粋な私的財とも言えず、「準公共財」的な役割を持っているからです。

　再エネ発電設備が多くの人から支持されるのは、本来、二酸化炭素排出量削減や化石燃料削減などの便益が高いためであり、そのような発電設備が不適切なメンテナンス計画により多大な負の便益を発生させてしまっては、社会的信用を失いかねません。自己の利益の最大化だけに腐心し、国民の便益を考えない事業者は再エネを手がける資格がありません。同様に、たとえ金儲けではなく地球環境のためと善意で始めたとしても、合理的なメンテナンスに気を配らない事業者はリスクを増大させる結果となり、やはり国民からは支持されません。

　道路や橋梁などは既に建設されてから長い期間経過したものもあり、その歴史の分だけ、土木工学の分野におけるアセットマネジメントの考え方は一日の長があります。エネルギー分野の新参者である再エネも、「地球環境のために」と錦の御旗を掲げるのではなく、他分野や先人の智慧を謙虚に学びつつ、発電事業を「継続して（ねばりづよく）行う」地に足をつけた努力が必要とされています。

46

2.3 本当は怖い風車の保険の話 ～逆選択とモラルハザード～

　本章ではリスクマネジメントとメンテナンスの関係について取り上げてきましたが、この節ではリスク対応の形態のひとつである「保険」について、中でも特に風力発電の保険について追求していきます。なお、本節の内容は、風力発電において国内有数の保険代理店である共立株式会社グループの共立リスクマネジメント株式会社に聞き取り調査を行った結果をもとに構成しています（※この聞き取り調査は2014年8月に行われました）。

　風力発電の保険、結構生々しいです。結論から言うと、風車の保険市場は現在のところ損害率（ロスレシオ）がペイしない傾向にあり、健全な市場が十分に確立されていない状況にあると言えます（だからと言って風力発電の分野から保険ビジネスが直ちに撤退するわけではありません。後述するようにこの分野は今後発展が期待されているのも事実です）。

　「保険」はリスク対応のうち「リスク共有」の一形態であるリスク転嫁の手法で、損害を貨幣価値に換算して第三者とリスクを共有するものです。加入者にとっては第三者（保険会社）がリスクの一部を引き受けてくれるので万一の際安心ですが、基本的に保険会社の収支が長期的に安定しない場合にはこの市場は成り立ちません。保険会社がその分野で保険を引き受ける魅力がないということは、その当該分野のリスクが「リスク共有」に適した領域から外れていることを意味し、「リスク低減」など他の対応も併せて用いなければ市場ベースで成り立たないことになります。風力発電の分野で健全な保険市場を持続させるには、保険業界の努力もさることながら、風力発電業界のマインドやモラルも向上させる必要がありそうです。ここでは「逆選択」や「モラルハザード」という経済学用語を用いて説明していきます。

第2章　メンテナンスとリスクマネジメント　｜　47

逆選択とモラルハザード

　まずわかりやすく説明するために、一般の保険、例えば自動車保険を考えてみましょう。交通ルールをきちんと遵守して車のメンテナンスをするA氏と、無謀な運転をしがちで車の手入れにも気を配らないB氏がいたとします。保険会社が一律に保険料を課すとすると、事故リスクが少ないA氏にとってはその保険料は割高に感じ、事故リスクが高いB氏にとっては保険料は割安に見えます。B氏のほうが得になると、B氏のような人が多く加入するようになり、多くなればなるほど保険料が上がってA氏のような人がますます損をするようになります。このように経済学的にみると、消費者の選択に負のインセンティブが働き、結果的に市場の健全性が悪化する方向に向かいやすくなります。これが「**逆選択**」です。

　保険会社が加入者に対する十分な情報を入手できない場合、事故を起こしやすい人と起こしにくい人の選別は困難になります。一方、加入者にとっては、B氏のような事故を起こしやすい人は自身が事故を起こしやすいことを（そのほうが保険をもらいやすいということも）知った上で加入することができます。加入者は自分自身の情報をよく知っている反面、保険会社は加入者の情報を十分知る機会がないという状態は「**情報の非対称性**」と呼ばれます。逆選択はまさにこのような情報の非対称性が原因で発生するとも言えます。

　逆選択を防止するためには、この自動車保険の例では、保険会社が十分な情報を入手して事故リスクの低い人と高い人を選別したり保険料に差をつけたりする手段などがあります。最近テレビやネットなどで盛んに自動車保険のCMを見かけますが、事故リスクの低い年齢層やライフスタイルの人たちを対象に安い保険料を謳っているものも多く、高い広告料を払ってもビジネスが成り立つと言うことは、十分な情報による加入者選別（情報の非対称性の回避）がうまく機能しているからだと見ることができます。

　さて、情報の非対称性を利用して首尾よく保険に加入できたB氏は、保

険加入後、心を入れ替えてなるべく事故をおこさないように気を付けて運転するようになるでしょうか？ 経済学的には「ノー」です。B氏のような加入者は（というより経済学が想定するところの合理的な経済人＝ホモ・エコノミクスは）、事故が発生した際の賠償責任を保険会社に転嫁させることができるため、事故防止に注意を払うインセンティブがなくなり、結果的に事故率が上昇してしまう傾向にあります。これが「**モラルハザード**」です。

　ここでも情報の非対称性が出てきます。なぜなら保険会社から見ると、ある事故が偶然あるいは不可避的に起こったのか、加入者の不注意ないし過失により発生したのかを峻別することは、極めて困難（もしくは高コスト）だからです。

風力発電における逆選択とモラルハザード

　上記の自動車保険の分野では、テレビCMの例にも挙げたような加入者の選考を行い、情報の非対称性を解消する試みがとられています。それは自動車の数が極めて大きく、過去の実績も膨大で情報が蓄積しているからこそできることです。一方、風力発電の分野はどうでしょうか？ 風車は国内でようやく2,000基程度と自動車に比べ圧倒的に数が少なく、その歴史も10年程度と実績が十分積み上っていない状態です。このような状況では、情報の非対称が発生しやすく、したがって逆選択やモラルハザードを防止する制度やシステムも十分ではないのが現状です。

　現在、国内の風力発電設備に掛けられている保険は、以下の3つに分類されます。

・物保険：実際に損傷した部品や設備の修復費の補償
・休業保険：営業利益＋固定費（＝粗利相当分）の補償
・賠償責任保険：第三者に与えた物損や人身事故への賠償に対する補償

　ここで、共立リスクマネジメント株式会社への聞き取り調査によると、

このうち物保険と休業保険の支払件数が圧倒的に多く、保険金支払額も数千万円〜1億円を超える事例が発生していることがわかりました。

　ブレードやナセルに損害があった場合に特に高額となる事例が多く、その場合には長期間の運転停止を余儀なくされています。数日〜1週間程度で復旧している例が多いようですが、半年〜1年も停止する事例もあり、これが全体の支払額を押し上げているとのことでした。一方、3番目の第三者賠償責任については高額の支払いが少ないとのことです。

　しかしながら、半年から1年もの間運転停止するのは特異な事例であり、単に事故被害が原因というより事故後の対応に何か問題があったからではないかということが強く疑われます。前述の「情報の非対称性」の通り、保険会社にとってはその長期停止が偶発的事故に起因して不可避的に運転停止しているのか、発電事業者の不作為やメーカーの瑕疵によるものなのかを完全に検証することは困難です。このような長期停止による休業保険の支払額が高騰しているとしたら、これは健全な保険市場を阻害する要因となり、早急に何らかのかたちで改善すべきであるといえます。

事故被害と運転停止時間の相関性

　風車の長期停止の原因に関しては、第3章で統計分析を元に詳細に紹介しますが、以下のような傾向が明らかになっています。

・風車の事故被害の大きさと運転停止時間は、必ずしも相関しない。
・風車の長期停止の原因は、技術的な問題ではなく、契約上の不備など経営上の問題である可能性が高い。

　例えば、落雷でブレード1本が全損し、新品のブレードと交換しなければならないほどの大きな事故のケースを取り上げます。問題は事故後の対応ですが、ある事業者は自社サイトに予備のブレードを用意しており、ブレード据え付け用クレーンも迅速に調達できたため、3週間程度で復旧

させたという事例も過去にあります。また別の事業者の例では、交換ブレードを海外から調達しなければならず、復旧に半年以上要したという事例もあります。さらに、センサや制御機器の故障など、部品のストックがあれば本来数日程度で復旧する事故に対して、部品を海外調達しなければならず、しかも元のメーカーが他社に買収されて現存しないため、1年近くも停止を余儀なくされたというケースも報告されています。

このように、ロジスティクスに多大な努力を払い、大きな被害でも迅速に復旧できる事業者（前述のA氏に相当します）もあれば、契約の不備や事故対応不足により不作為的に運転停止を長引かせる事業者（前述のB氏に相当）も残念ながら確実に存在し、ごく少数のB氏のような事例が全体の支払額を押し上げているのも事実です。

このような状態を防ぐためには、例えば「半年以上の長期停止には保険を支払わないようにする」という決断も選択肢として考えられますが、すべての発電事業者に統一的な制限をかけてしまっては保険本来の効用を阻害することとなります。個々の発電事業者それぞれに適した保険の条件設定を行うためには、十分な統計データ分析や学術的根拠に基づく検証が必要で、従来のルールをそう簡単に変更することはできません。情報の非対称性はここでも重くのしかかります。風車の保険の歴史は日本ではまだまだ浅く市場が成熟していないため、保険会社が保険契約の可否や条件を判断する上で十分なデータが集まっていないというのが現状です。仮説を立証するにはやはりデータの蓄積が必要です。

健全な保険市場と持続可能な風車産業を築くには

この点に関して今回聞き取り調査を行った共立リスクマネジメント社の方々からは、保険業界が加入者（ここでは発電事業者）に対して望むこととして、まず「事故のデータを共有して欲しい」というご意見をいただきました。これには筆者も強く同意したいと思います。電気学会などで学術的な観点から網羅的な事故情報の収集と分析が試みられており、規制者や研究推進機関、産業界とも協力しながら調査が進んでいます。

事故対応や事前対策なども学会である程度提案されつつありますが、まだノウハウの部分も多く、多くの事業者に水平展開できている状況ではありません。事故データの共有と分析をすることは、風力発電の持続可能な発展のために必要不可欠であり、産官学が協力して強い意志で望むことが必要です。

　最後に、共立リスクマネジメント社の方々からは、「風力発電の保険の分野はまだ未成熟だが、今後大きく市場が発展することが期待される。なにより国民生活に寄与する安定的な発電に積極的に協力したいという気持ちでやっている」というコメントもいただきました。「保険」というシステムはビジネスの上ではリスクマネジメントで必須のアイテムですが、放っておくとモラルハザードを引き起こしやすく、産業全体でリスクを増加させかねないことも十分認識し、発電ビジネスに関わる全てのステークホルダーがお互い連携してリスク低減の努力をしなければならないと、筆者自身強く感じています。

2.4 事故と保険と情報の透明性

　前節に続き、本節も保険の話です。一般に保険情報は、顧客との守秘義務契約などにより通常なかなかオープンにならないものです。しかし、保険業界でもさまざまな議論があり、個別の顧客情報には抵触しない統計データを公開・提供することで、風力発電の事故防止に役立てようという考え方も出始め、学界や産業界との連携も始まっています。

　本節では、保険と事故データ情報の公開および透明性について論じてみることにします。なお、本稿は、損保ジャパン日本興亜リスクマネジメント株式会社（現・SOMPOリスケアマネジメント株式会社）の足立慎一氏による解説論文(2.8)、(2.9)から多くの情報を得ており、執筆にあたって同氏から多くの助言をいただきました。

風力発電の事故と保険

　図2.5は上記論文で公表された、平成22〜26年（2010〜2014年）の風力発電の損害保険事故の統計データです。この図から、件数ベースで4割以上が落雷に起因する事故で占められており、原因別のトップであることがわかります。

図2.5　風力発電事故の原因別割合（左図：件数ベース、右図：支払保険金ベース）[2.8]

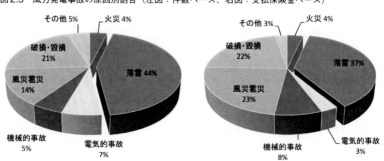

図2.5は、工学系研究者からみると、興味深い結果となっています。なぜならば、図2.6に示すようなNEDO（国立研究開発法人 新エネルギー・産業技術総合開発機構）の調査結果では、落雷による故障・事故件数の割合は2割にも満たないという統計データが得られているからです。この2つの統計データのギャップはどこからくるのでしょうか。

図2.6　NEDOによる風車故障・事故の要因分析[(2.10)]

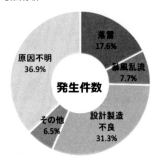

　いくつかの推測としては、NEDOの調査が「故障・事故」を一括りにして明確な区別がない一方、保険データは「事故」のみを扱っている点と、NEDOの調査は発電事業者などへのアンケートベースで行っているため、「原因不明」という回答が非常に多いことが挙げられます。NEDOの調査でこの「原因不明」が回答のトップに上がっていることは問題です。なぜなら、多くの事業者が自身の起こした故障や事故の原因が特定できないと報告すること自体、事故防止の観点からは適切でない状況だからです。
　一方、ある事故の原因を「落雷によるものでないこと」と証明することは難しく、落雷を理由にして保険金を請求されたとしても保険会社が支払を免責されることは非常に稀です。これはまさに、前節でも紹介した「情報の非対称性」の典型例といえるでしょう。

情報公開と情報共有の重要性

　図2.5に見る通り、風力発電の保険において、落雷事故の発生件数は大

きなウェイトを占めていますが、その一方でアンバランスな保険金支払の実態があることが指摘されています。例えば、同論文では、下記のリスト（落雷による保険事故の課題・問題）のような落雷による保険事故の課題・問題が挙げられています。

◆落雷による保険事故の課題・問題

（文献(2.8)を元に足立氏の許可を得て一部修正）

(1) 復旧費が、新設時の工事費内訳に比し著しく割高となる。

(2) ブレードの部分損傷（修理可能）であっても新品交換要求される（保険金が数十倍となる）。

(3) ブレードが1枚損傷であっても、メーカーが3枚セット販売しか対応しない。

(4) 主軸受、増速機などの損傷について、調査手間を理由に、落雷を原因推定しているケースがある。

(5) 保険金受領後に、落雷に対する再発防止策が講じられない（落雷対策を保険頼みとしている）。

(6) 冬季間の落雷事故は、春まで復旧ができないため利益保険金が高額となる。

(7) 同一のウィンドファーム内で毎年のように落雷事故がある。また、同一号機に何度も落雷する。

　これらの課題・問題の中には、保険の**モラルハザード**に相当するものも見られます。保険のモラルハザードとは、わかりやすくいうと、保険の公平性や偶然性を阻害することです。例えばリスク量が大きい、またはリスクが顕在化することが明らかであるにもかかわらず、その事実を告げずに保険加入するケースや、また事故があった場合に実際の損失より大きな保険金請求を行うことで利得を得る（正価で保険金をもらい修理業者には値引いてもらう）ケースなどがこれにあたります。例えばリ

第2章　メンテナンスとリスクマネジメント　55

ストの項目(2)〜(4)は、モラルハザードの典型例といえます。

また、リストの問題点の中では、工学的に看過できない情報も含まれています。例えば、リストの項目(4)によると、保険業界の事故統計データでは主軸受（メインベアリング）や増速機（ギアボックス）の故障・事故について言及がありますが、学術論文や経産省・NEDO等などにより公表された事故調査関係文書では、明らかに雷撃が原因であると特定された軸受や増速機の事故は見当たりません。ここにも保険統計データと学界・産業界の統計データとのギャップが見られます。

このギャップの原因は、事故状況写真や資料がほとんど公開されないため、複数の研究者や技術者がオープンに議論して客観的に判断できないことに起因します。学会は、本来そのようなオープンな議論にもってこいの場ですが、その議論の俎上に乗る事故データが契約上の秘匿を理由に公開されないと、議論ができません。原理的に雷撃が原因で軸受や歯車が損傷する可能性があることを実験室レベルで明らかにした論文は存在しますが、実際に落雷が原因（もしくは遠因）で損傷に至ったことを客観的に判断できる事故例は、日本にも世界にも見当たらないのです。

もちろん、現時点でそのような事故例が見当たらないからといって、軸受や増速機で落雷に起因する事故はない、と早急に結論づけることはできません。しかし、重要なのは、事故データが十分公開されないため、科学的にも未解明の部分が残り、**不確実性が存在したまま**になっているということです。

このデータの非公開性よって事故実態の把握も十分進まず、適切な再発防止もできない状態が日本全体で（さらには世界中でも）起こっているのが現状です。足立氏の論文でも「落雷を原因推定として、安易な保険請求がなされているとすれば、保険制度の本質的意義を失うことになろう」、「適正な原因調査と支払が行われなければ、結局のところ保険の安定的供給が阻害されることになる」と指摘されています[2.8]。

このように、事故データがなかなか公開されないという状況は、事故防止に対するノウハウや技術、さらには経営者のメンテナンスに対する意識などが、一部の優良事業者だけに留まり、他の事業者に水平展開で

きないことを意味します。風力発電の（太陽光発電も）事故は一事業者の経営的損害に留まらず、再生可能エネルギー全体の社会受容性を一気に低下させ、将来のエネルギー政策に大きな影響を及ぼしてしまうほどの多大なリスクを持っています。事故データをきちんと公開すること、原因と損傷発生のメカニズム、そして再発防止策を検討することの重要性はまさにここにあります。

　幸い日本では、2014年2月から経済産業省「新エネルギー発電設備事故対応・構造強度ワーキンググループ（以下、事故WG）」[2.11]が設置され、電気事故を起こした風力・太陽光事業者は、事故WGに詳細な事故状況を報告し、原因究明や再発防止対策を提出しなければならないことになりました（事故WGについては第3章で詳述）。これにより、少なくとも2014年以降に発生した風車・太陽光の重大事故に関しては、政府の審議会等資料としてウェブに公開され、透明性高く公表されることになっています。このような情報公開により、今後、事故防止のための情報共有や水平展開、普及啓発が徐々に進むものと期待されます。

風車雷事故の再発防止を後押しする保険

　一方、事後対応としての保険だけではなく、原因究明や同一原因の事故の再発を防止し、実質的に事故再発防止を後押しする保険も現れてきています。例えば風力発電向けの保険として、「事故再発防止費用特約」という商品もあり、この特約は、

①事故原因調査費用：事故が起こった場合の根本原因を調べるための費用が支払われるもの
②再発防止点検費用：再び似たような事故が起こらないように、同敷地内の他の設備に事故原因が潜在していないか点検するための費用が支払われるもの

の2つのリスクマネジメントサービスからなっています[2.12]。

第2章　メンテナンスとリスクマネジメント　57

再エネ発電の事故を防ぐには、「ものづくり」という工学的なイノベーションも大事ですが、それを水平展開する「しくみづくり」も重要です。特に、事故データをきちんと公開して情報共有すること、事故再発防止に努力を見せる者に対してインセンティブを与えることは重要です。このインセンティブは政府や規制者が行う場合もありますが、規制者が介入せずに保険などの市場メカニズムの中でうまく事故防止につなげることができれば、それこそ市場メカニズムの持つ自己修復機能が発揮できたことを意味します。風力発電産業も、このようなかたちで健全に成長していくことを期待します。

第3章 風力・太陽光の事故・トラブル

3.1 風力発電の事故は多いのか？

　本章では、風力発電や太陽光発電の事故が実際にどれだけ起こっているかについて、統計データを見ていきます。

　事故のことについて正直に書くと、「事故が起こるのはけしからん！」、「だから再エネはダメなんだ！」という極論も起きそうですが、本書を貫く重要なコンセプトは、事故が起こる原因は何かを突き止め、どのようにしたら事故リスクを少なくすることができるかを、誰か任せにするのではなく、データや情報をきちんと共有してみんなで一緒に考えることにあります。

なぜ風車の事故が問題になるのか

　2013年〜2014年の冬季は、風車事故が続いた「当たり年」でした。風車の倒壊や火災を生々しく報じた報道も多く、記憶にある読者も多いと思います。この一連の事故を重く見て、経済産業省では産業構造審議会 保安分科会 電力安全小委員会の傘下に「新エネルギー発電設備事故対応・構造強度ワーキンググループ」（以下、事故WG）を発足させ、事故原因の解明と再発防止策を公開の場で広く議論することになりました[3.1]。

　このような風車の事故があるたびに、「風力発電は日本に向かない！」、「日本から撤退せよ！」という極論が沸き起こります。もちろん事故を起こさないように業界を挙げて多大な努力が必要ですが、事故イコール風車不要論や撤退論に結びつけるのはいささか短絡的なように思われます。例えば雷や台風による事故は送配電線、鉄道・高速道路でも多いですが、これらが事故にあったからと言って、これらのインフラ設備に対して「日本に向かない！」、「撤退せよ！」と大合唱が起こるわけではありません。もしこのようなことを本気で唱える人がいたとしたら、そのような人は周囲から白い目で見られてしまうことでしょう。

ところが、この送配電線や鉄道・高速道路という単語を風力発電に置き換えた途端、極端な意見が出てしまうのはなぜでしょうか。これは、最初から必要だと思うものは必要で、不要だと思うものは不要、という結論ありきのダブルスタンダードに他なりません。このような短絡的な主張が世間でまかり通ってしまうと、特に未来を担う若い方々の論理的な科学的思考力を衰えさせかねません。筆者はエネルギー問題を論じる前に、このような昨今の言論の風潮にも憂いています。

　風力発電の事故は、残念ながらしばしば発生しています。しかし、事故の「ある／なし」で短絡的に考えるのではなく、その事故がどのように第三者に被害を与えるのか、どのように社会的に影響を及ぼすのか、またどのように事業者にリスクを与えるのかを合理的に精査しなければなりません。単に「事故を根絶せよ」と実効力の乏しい掛け声をかけるのではなく、どのような合理的手段で事故発生確率を減らし、万一の事故時に被害を軽減させるかを冷静に議論する必要があります。それにはまさに第2章で述べた「リスクマネジメント」の考え方が必要となります。

さまざまな統計データの読み方

　さて、風力発電は事故が多いと言われていますが、実際に事故は多いのでしょうか。以下、実際の統計データに基づきさまざまに分析していきたいと思います。

　例えば、経済産業省電力安全課の『電気保安統計』[(3.2)]では毎年「電気事故」の件数を公表しています。ちなみに電気事故とは、電気事業者（いわゆる電力会社や独立系発電会社）および自家用電気工作物設置者（50 kW以上の太陽光、20 kW以上の風力発電事業者がこれにあたります）が『電気関係報告規則』および『原子力発電工作物に係る電気関係報告規則』に基づき経済産業大臣もしくは所轄産業保安監督部長宛に報告する義務のある事故のことを指します。

　例えば平成24年度（2012年度）は報告された電気事故が15,679件あり、うち風力発電所の電気事故は62件と報告されています。この数値だけ見

第3章　風力・太陽光の事故・トラブル　｜　61

ると風力発電所の電気事故は全体の0.4%となり、「風力発電の事故は少ない」ように見えます。事実、全体の90%近くを占める13,850件が高圧配電線路で発生しており、我々が一般に「停電」と呼んでいるものは、これらの電気事故のうち供給支障に至る事故（供給支障事故）に直接関係します。風力発電の事故は、多くの人が気にする停電にはほとんど全く影響がないことがわかります。

しかし、発電設備だけに着目して他の発電方式と比較すると、平成24年度の発電設備における電気事故は全322件で、風力は62件なので火力144件、水力105件に次いで多い件数となり、その比率も19%と上昇します（なお、太陽光に関しては自家用電気工作物設置者のデータが集計されていないので直接比較をすることができません）。一方、前述の事故WGでは、発電電力量(kWh)あたりの事故率を算出しています[3.3]。その報告によると、風力発電所の電気事故は百万kWhあたり24.2件と火力発電所の0.76件に対して実に30倍以上の発生率となっており（図3.1）、この統計データからは「風力発電の事故率は高い」という結論が導かれます。

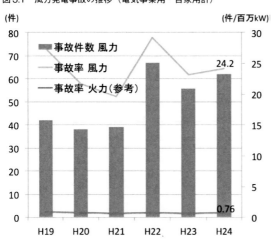

図3.1　風力発電事故の推移（電気事業用・自家用計）[3.3]

このような高い事故率の数値が出る理由のひとつとしては、一般に一つひとつの風力発電所の規模が小さいので小さな分母(kWh)で割り算す

ると大きな数字になってしまうためですが、やはりkWhあたりという基準で他の電源と比較すると、そうなってしまいます。仮に将来我が国の発電電力量の20〜30%を風力発電で占めることを本気で目指すのであれば（これはデンマークやスペインで、現時点で既に達成されている数字なので決して荒唐無稽な夢物語ではありません）、この事故率は今のままで甘んじているわけにはいきません。風力発電が大量導入され一国の基幹電源となるためには、現在の事故率を劇的に下げる努力をしなければならないのは確かです。

一口に「事故」と言っても…

ただしここで注意しなければならないのは、単に事故発生件数や事故率だけが評価すべき指標ではない、ということです。一口に「事故」と言っても、人身事故につながるような大事故から電気工作物の軽微な損傷に至るまで、さまざまなレベルの事故があるからです。

『電気保安統計』では報告された電気事故のうち、「電気火災」、「感電死傷」、「電気工作物の欠損等による死傷・物損」の内訳についても公表しています。風力発電所のデータが計上されるようになった平成15年度（2003年度）以降、風力発電所におけるこのような大きな事故は、平成17年度に感電死傷が1件報告されているのみです。平成15〜24年度の10年間の全電気設備の感電死傷件数は823件で、そのうちのほとんどが変電所および送配電線路で発生したものであり、発電所では水力が7件、火力が14件となっています。したがってこのデータからは、風力発電はこれまで人身事故などの大きな事故が少ないことがわかります。

もちろん、現にブレードの飛散・落下やタワー倒壊などの派手な事故が多く発生しているのは事実であり、統計上の数値だけ見て安心することは決してできません。このような事故は、統計データの数字だけ見るとその深刻度が隠れてしまいがちですが、容易に人身事故に発展する可能性があります。人身事故などの大きな事故を未然に防ぐためにも、このような事故の原因究明をしっかり行い、再発防止に努めなければなり

第3章　風力・太陽光の事故・トラブル　63

ません。

事故レベルの分類が重要

　さて、ここまで「大きな事故」、「派手な事故」という曖昧な言葉を敢えて用いてきましたが、リスクマネジメントの考え方に基づいて、より具体的に事故の深刻度や被害の度合いを分類する必要があります。これまで学会などでは、過去に発生した風車の雷事故を精査した結果、表3.1のようなブレードの事故レベルの分類が提案され、合意形成のための議論が進められてきました。この提案は電気学会などで多くのステークホルダーの合意形成が諮られ、国際電気標準会議 (IEC) など国際規格にも日本案として採用が提案されているところです[注3.1]。さらに上記のブレード雷事故の分類方法の概念を拡張し、表3.2のような風車全般の事故についての分類法も提案されています。

表3.1　リスクマネジメントに基づく風車ブレード雷害分類法[(3.4)]

1 極めて深刻な事故　（人身事故を引き起こす可能性のある事故）
(1-a) ブレードの爆裂，落下
(1-b) ブレード・ナセルの焼損，部品落下
(1-c) ブレーキ制御ワイヤの溶断，スパーク
(1-d) レセプタ等のブレード構成部品の落下 *1
2 深刻な事故　（直ちに修理が必要な事故）
(2-a) ブレード接合部の剥離
(2-b) ブレード先端部の亀裂
3 中程度の事象　（できるだけ早期に修理すべき事象）
(3-a) ブレード表面の損傷
(3-b) レセプタの一部欠損
4 軽度の事象　（早急な修理は必要ない事象）
(4-a) レセプタの溶損
(4-b) ブレード表面の黒こげ
(4-c) その他の軽度な被害

*1: 明らかに周囲に住民や通行者がいないと考えられる環境では，(3-b)と同等に扱ってもよい。

　このようにリスクマネジメントの考え方に基づいた分類方法を用いることで、風車の事故リスクを軽減するための客観的方法論を構築するこ

表 3.2　風車事故レベル分類法[3.4]

レベル	名称	説明	事例
1	極めて深刻な事故	倒壊および構成部品の落下・飛散など人身事故を引き起こす可能性のあるもの	タワー倒壊、ナセル火災、ブレード脱落、構成部品の落下・飛散など
2	深刻な事故	直ちに修理が必要な事故、放置しておくと極めて深刻な事故につながるもの	異常振動、ブレード亀裂、ドライブトレイン故障、ベアリング損傷、発電機短絡故障など
3	中程度の事象	できるだけ早期に修理すべき事象	ブレードの一部欠損、ピッチ制御機構の故障など
4	軽度の事象	早急な修理は必要ない事象、簡単な部品交換のみで済む事象	ブレードの摩耗、制御装置・センサの故障、低圧制御機器の絶縁破壊など

とが可能となります。例えば、人的損害の可能性がある「極めて深刻な事故」はあってはならないものであり、これを未然に防止するためにはコストを惜しんではなりませんが、同様の対策を軽度の事象に対してあてはめることは合理的ではありません。軽度な事象は形式的な対策で不合理に対策コストをかけるより、損害コストと対策コストの**費用便益分析**を行い、場合によっては「特別な対策はしない」（リスクを受容する）という選択肢をとることも可能だからです（第2章2.1節参照）。この点からも、単に事故発生件数や事故率だけで評価すべきではなく、事故レベルの分類が必要であることがわかります。

||||||||||||||||||||||||||||||||||||||||||||||||||||||||||||||||||||||||||||||||||

注3.1：本書執筆現在（2017年8月）、IECでは、風車の雷保護に関する国際規格IEC 61400-24の改訂作業が進んでおり、専門家会合による委員会原案が提案されています（筆者もその専門家会合のメンバーの一人です）。そこでは、原子力発電所や航空機の事故のレベルと統一するために、事故が軽度な方からI, II, III, IVと昇順で事故レベルの番号を付けることが提案されています。

||||||||||||||||||||||||||||||||||||||||||||||||||||||||||||||||||||||||||||||||||

風力発電の事故は多いのか少ないのか？

　結局のところ風車の事故は多いのでしょうか、少ないのでしょうか？

第3章　風力・太陽光の事故・トラブル　｜　65

これは多くの方の関心でもあります。本節でも統計データから導かれるさまざまな指標について分析しましたが、得られる結論はやはり「一概には言えない」です。なぜならば、「多いか少ないか」を議論するためには必ず「何と比較して？」という条件が必要だからであり、この条件を欠落させると統計データは評価者の都合のよい解釈に利用されてしまうからです。風力発電を是が非でも推進したい人はたいてい「事故は少ない」と過小評価するでしょうし、何らかの理由で風力発電の躍進を快く思わない方はとにかく「事故は多い」と過大評価する傾向にあります。重要なのは、自身に都合のよい一面的な解釈で溜飲を下げるのではなく、可能な限り多角的な評価を行い、より具体的でポジティブな提案に結びつけることです。それが本節の統計データ分析から得られる結論です。

3.2 風力発電の事故を減らすには？

　前節に引き続き、風力発電の事故に関して分析を進めていきます。

　風車の故障・事故統計は、前節で紹介した経済産業省の『電気保安統計』[3.1]だけでなく、もうひとつの重要なデータがあります。それは新エネルギー・産業技術総合開発機構（NEDO）が長年に亘り調査を続けてきた事故調査です。このプロジェクトでは、風力発電事業者（ケースによってはメーカー、代理店）に対して「風車の故障・事故速報」提出の依頼状等を送付するアンケートベースの調査を行い、平成16年度（2004年度）から継続して風力発電施設の故障事故に係るデータを年度ごとに収集・整理しています[3.5]-[3.13]。アンケートの回答率（「協力する」と回答した率）は事業者数比で58.0%、設備容量比で39.9%（いずれも平成24年度）と必ずしも全ての故障・事故を網羅しているわけではありませんが、これだけ大規模で詳細な事故調査は海外でもあまり類を見ず、国際的にも貴重なデータとなっています。

貴重な事故統計データの公開

　ちなみに、これらの報告書はパブリックに公開されており、筆者のような第三者でもそれを読んでデータ分析できるようになっています。このような事故データは一般に事業者にとってはあまりオープンにはしたくはないものですが、事故情報を集計して正直に公開するというのは非常に大切なことです。事故データがオープンソースになっていると、さまざまな研究者がさまざまな角度から分析することができ、より広い範囲で新しいアイディア出しや有益な議論を行うことが可能となります。

　このような風力発電の事故情報の公開は、国際的にも非常に貴重です。筆者もIECの会議などに専門委員として参加して風力発電の雷事故について国際的に調査をしていますが、事故情報を数年に亘って網羅的に集

第3章　風力・太陽光の事故・トラブル　｜　67

計して統計データを公表している国はほとんどありません。各国の研究者や実務者に聞いても、なかなかそのようなものは見たことがない、という答えが返ってきます。

　数少ない例外として、ドイツのフラウンフォーファー研究所が風車事故の統計分析結果を公開しています（ただし更新は滞りがちで、個別事例データは非公開）[3.14]。また、イギリスのCaithness Windfarm Information Forumという団体が1996年から風力発電の事故事例を独自に収集しています[3.15]。この後者の団体は風力発電に反対する環境保護団体なのですが、ここに記載されている海外事故情報は大変貴重で、筆者も一研究者としてこのデータに非常にお世話になっています。事故を減らすためには推進派も反対派もありません。透明性高い情報公開と公平な分析が必要です。

　本来、事故情報の報告・収集・共有・公開は事業者側（次に規制者側）が責任もって行うべきで、正直に包み隠さずオープンにして社会の共有財産とし、業界全体・社会全体で事故を減らす努力をしなければなりません。これを怠ると事故隠しと取られかねず、「だから風車は危ないんだ」、「風力発電には反対！」という声が一般市民から上がってしまいかねません。

　事故そのものは起こって欲しくないものですが、起こってしまった以上、このようなネガティブな情報もきちんとオープンにすることにより、将来のポジティブな原動力に変えなければなりません。実際、このような事故統計データを蓄積し分析することによって合理的な対策案を考えることもでき、それを武器にIECの規格制定の場などで日本が国際交渉に臨むことも可能となります。

事故レベル別データ分析

　筆者らは、上記のNEDO報告書の中から、付属資料「風車故障・事故の一覧」に記載されている故障・事故データを再分析し、複数年間の統計データから風車の故障・事故の傾向を洗い出す試みを行っています。

以下ではこの風車の故障・事故統計データの再分析から発掘される情報を整理してみたいと思います。

　まずNEDOの報告書では、故障・事故原因、事故発生日時、風車停止期間、事故発生時気象、場所（地方）、設置場所地形分類、風車規模(kW)、故障・事故発生部位、被害状況、復旧措置対策などがアンケート調査され、その一覧が記載されています。またそのデータを年度ごとに集計して、発生原因と発生部位の関係や、故障率・停止時間率などさまざまな分析が行われています。

　これに対し、筆者らの研究の着眼点は、

(1) 単年度ではなく複数年度に亘るデータを分析したこと、

(2) NEDO報告書にはない「風車事故レベル」の考え方を新たに導入して再分析したこと、

の2つにあります。特に後者は重要で、一口に事故や故障と言っても人身事故に至る可能性のある重大な事故から、軽微な部品交換や補修で済む事故までさまざまであり、その予防対策や事後処理は一様ではなく、リスクマネジメントの考え方に基づく対応が必要だからです。風車事故レベルについては、前節の表 3.1 を参照下さい。

　さて、今回再分析した平成17〜23年度(2005〜2011年度)の報告書では、重複分を除き1,492件の故障・事故事例が報告されていました。簡単に計算すると1年あたり約190件あります。「これは多い！」という声も出そうですが、このデータは『電気保安統計』に載らない（規制省庁に報告義務のない）軽微な故障も含まれているからと推測できます。

　図3.2に4段階の風車事故レベル別分類法に則した分析結果を示します。図3.2は事故レベルごとに昇順で並べ替えたもの（「持続曲線」といいます）を示したものです。この図では合計5つのブロック（各レベル4段階および原因不明）に分かれ、それぞれ角のようなピークが立っていますが、ピークの高さがそれぞれレベルにおける最大停止時間を示します。また各ブロックの幅はそれぞれのレベルの発生件数、各ブロックの面積

第3章　風力・太陽光の事故・トラブル　｜　69

はのべ停止時間に相当します。

　8ヶ年全1,492件中、極めて深刻な事故（レベル1）が72件、深刻な事故（レベル2）が121件とカウントされ、1年あたりの発生件数を計算するとレベル1は9.0件/年、レベル1と2を合わせると24.1件/年となります。この数値は、アンケート回収率がほぼ5割であることを考えると、『電気保安統計』で報告された電気事故の年平均発生件数約50件/年にほぼ合致します（図3.1参照）。また、この図から最も発生件数が多いのは中程度の事象（レベル3）で679件あることがわかります。

図3.2　事故レベル別停止時間の持続曲線[3.16]

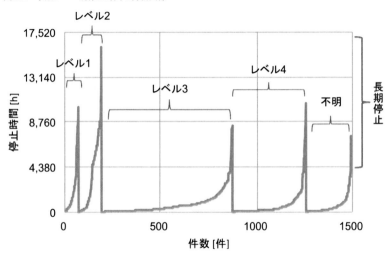

長期停止に着目したデータ分析

　ここで、事故後の停止時間が半年（4,380時間）以上のものを「長期停止」事象として定義することにします。すると、長期停止は全1,482件中、84件とカウントされ、1年あたりの発生件数は10.5件/年になります。ところで図3.2を詳細に観察すると、この長期停止はレベル1やレベル2だけでなくレベル3やレベル4にも発生しており、事故レベルと事故後の停止時間は単純に相関性があるものではないということがわかります。

70

以上の分析を別の角度から見るために、8ヶ年の事象を (a) 発生件数（全1,492件）、(b) 長期停止件数（うち84件）、(c) のべ停止時間、(d) 長期停止した件数ののべ停止時間に注目して、事故レベル分類の分析を進めることにします。分析の結果を図3.3に示します。図3.3から、(a)の発生件数を見るとレベル1は全体の約5%以下に過ぎず、また上述したように発生件数に関してはレベル3が最も支配的であることがわかります。また、(c)ののべ停止時間に着目するとレベル1と2の比率が多くなってきますが、それでもレベル3と4だけで50%以上となり、さらに(d)の長期停止のべ時間を見てもレベル3と4で25%も占めます。これは本来軽微な事象のはずなのに半年以上も長期停止させてしまったという少数の特別な例が全体的なのべ停止時間に大きく影響を与えていることを示唆しています。稼働率の向上にはこれらの事故レベルの低い事象の対策が急務であるといえます。

図3.3　事故レベル別発生件数およびのべ停止時間[3.16]

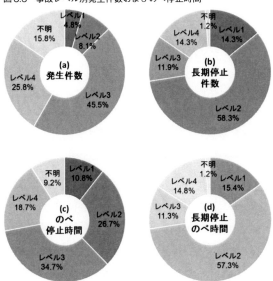

　一方、(b)の半年以上の長期停止件数や(d)の長期停止のべ時間に注目すると、一転してレベル2が支配的となり、50%を超えることがわかり

第3章　風力・太陽光の事故・トラブル　71

ます。また、レベル1と2を合わせると、長期停止件数は全体の4分の3を占め、事故レベルと停止時間にある程度の相関性があることが伺えます。しかしながら、事故レベルが低いレベル3や4でも半年以上運転が停止する長期停止件数は全体の25%以上を占め、本来軽微な被害で修理コストもそれほど高くつくものではない事象にも関わらず、長期の運転停止を余儀なくされているケースが少なからず存在することが明らかとなりました。

さらに、これらの事象についてNEDO報告書付属資料を詳細に読み込むと、「制御基板の損傷」、「コントローラーが機能しない」など低圧制御装置の故障が多く見られることがわかりました。これらの装置は本来故障してもその交換は比較的低コストで済み、部品のストックや調達のサプライチェーンさえ万全であれば数日程度の停止で済むものと考えられますが、「海外品」など部品調達に相当の時間がかかったケースも散見され、事故後の対応に明らかに問題がある事例も存在することが浮かび上がります。

合理的な事故リスク低減に向けて

以上の分析結果から導かれる結論としてはやはり、やみくもに「事故の根絶」(ゼロリスク)を求めるのではなく、リスクマネジメントの観点から経済性や社会受容性をも考慮した合理的な事故リスク低減手法を構築しなければならない、ということになります。例えば、全体の5%を占める極めて深刻な事故(レベル1)に対しては、人身事故や社会的影響を及ぼすような事故を防ぐためにも厳しく対応し、その発生をできる限りゼロにする「予防保全」の努力を惜しまないようにしなければなりません(予防保全のうち落雷対策に関しては、次節で詳しく紹介します)。

一方、稼働率や設備利用率を落とさないようにするためには、損害額が小さい中程度および軽度の事象(レベル3および4)に対しても注意を払い、その発生確率を押さえる努力をするだけでなく、事故後の長期停止をできるだけ回避する「事後対策」を考えることが必要となります。

そのためにはやはり高度なメンテナンス体制の構築が重要となります。このように、全ての事故を一律に対応するのではなく、事故レベルに応じた適切な対策をとるという、合理的な事故リスク低減方法の構築が望まれます。

　そしてより重要なのは、このような合理的対策方法が一事業者のノウハウで終わるのではなく、業界全体で水平展開させて事故リスクを減らすこと、そのために故障・事故情報をクローズにせず全てのステークホルダーで力を合わせて議論を続けることです。風力発電そのものの社会受容性や国民からの信頼を獲得するには、なによりも高い透明性（トランスペアレンシー）が必要だというのが本節の結論となります。

3.3 風車の天敵、冬季雷

　本節では風車事故の予防保全の一つとして、落雷対策について詳しく掘り下げてみます。単なる物理学や工学的な説明だけでなく、規格や法制度も関連し、最後はやはりメンテナンスに行きつきます。

　風力発電の天敵の一つとして、雷、それも冬の雷があげられます。冬の雷、と聞いても「雷って夏のものじゃないの？」と多くの方にとってあまり実感がないかもしれませんが、それは東京・名古屋・大阪など大都市圏が集中する太平洋側ではごく稀にしか発生しないからです。しかし、北陸地方を中心とする日本海沿岸では冬の風物詩と言ってもよく、「鰤起し（ぶりおこし）」（地域によっては「雪おこし」、「雪おろし」などとも）として俳句の季語にもなっています。

　鰤起しとは、鰤漁の季節の到来を告げる雷ということで、地元の漁師さんや俳句を詠む方には縁起がよさそうな畏怖すべき自然現象ですが、電力・通信関係や風力関係者にとっては脅威の対象でしかありません。この冬の雷は、厄介なことに通常の夏の雷に比べ大きなエネルギーを持ち、高構造物に集中して落ちやすいという特徴を持ちます。自然現象ですので100%被害を防ぐことは不可能ですが、現代ではただ畏れおののくだけでは済まされず、そこはリスクマネジメントに基づく合理的な対策が必要となります。

冬季雷の発生メカニズム

　雷は、一般に、

(1) 強い上昇気流が存在する
(2) 大気中に豊富な水蒸気が含まれている

(3) 上空の気温が −20 〜 −10℃程度となる

の3つの条件があると発生しやすくなります。したがって、夏季によく見られる現象としては、地表面の気温と湿度が高いときに上昇気流が発生し、積乱雲（いわゆる入道雲）を形成して雲内で放電が発生するというパターンが一般的です（図3.4左）。

図3.4　夏季雷と冬季雷の雷雲の違い[3.17]

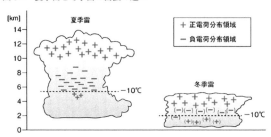

積乱雲は一般に雲底が3,000〜5,000 m程度であり、雲頂は15 km程度にまで達します。雲内では氷の粒がぶつかり合うことによって帯電し、小さな粒は正電荷を帯び上方へ、大きな粒は負電荷を帯び下方へ集まります。上方の正電荷と下方の負電荷の間で雲内で雲放電も発生しますが、雲底付近に負電荷が溜まると静電誘導により地表面にも正電荷が現れるため、その一部は大地への「下向きの負極性放電」を起こします。これがいわゆる我々が「落雷」と呼んでいるものの最も一般的な現象です。

一方、冬の雷は、いくつかの特殊な条件が揃わないと発生しません。特に日本海沿岸地方では、

(a) 冬季に強いシベリア寒気団によって北西から強風が吹く
(b) 北西風が日本海を通過することにより大気が湿潤となる
(c) 対馬暖流のため海面が比較的温かく低空で大きな温度差が発生する
(d) 海岸線背後に山脈が存在するため上昇気流が発生する

などの条件が揃っており、通常の夏の雷雲とは性質の違った雷雲が発生

第3章　風力・太陽光の事故・トラブル　75

することになります（図3.4右）。このようなメカニズムで発生した雲は、雲底が300～500 m程度と比較的低い高度で発達し、地上に鉄塔や風車などの高構造物が存在するとそこに電界が集中することにより構造物から雲への「上向き放電」も発生することが多くなります。

　図3.5は一般的な夏季雷と冬季雷の実測写真ですが、一見して何が違うかわかるでしょうか？　左の夏季雷は、雲から大地へ向かって枝分かれしながら「下向き」に雷が進展しています。これは我々が一般に「落雷」と呼んでいるイメージそのままです。

　一方、右の冬季雷は大地から雲へ向かって枝分かれしながら「上向きに」雷が上っていくのが見てとれます。雷は古来、龍に例えられることも多いので、まさに「昇龍」の姿を昔の人はここに重ねたのかもしれません。上向きに昇る雷なので「雷が落ちる」わけではないのですが、日本工業規格(JIS)の定義上はこれも「落雷」と呼ばれます。

図3.5　代表的な夏季雷(左)[3.18]と冬季雷(右)[3.19]の例

　ちなみに、厳密な定義としてはJIS Z9290-1:2014『雷保護 −第 1 部：一般原則』では、「落雷」は「雲と大地間との間に発生する1回以上の雷撃からなる大気中の電気的な放電現象」とされています。つまり放電の向きや極性はここでは問われていません。さらに、「雷撃」とは「落雷の構成要素となる1回の電気的な放電現象」と定義されています。人間の目や耳には落雷は「一発」に感じますが、ミリ秒オーダーで観測すると、数回～十数回の多重雷撃をもつ落雷も多く報告されています。

冬季雷が風車にとって脅威なわけ

　このように、冬季雷は夏季雷とは単純に発生する季節が違うだけでなく、

(i)　「上向き放電」が発生するケースが多い

(ii)　雲底が低いために、放電が長時間継続し、放出エネルギーが大きい

という性質を持つのが特徴です。さらに(i)に起因するもうひとつの特徴として、電界が集中した高構造物からリーダ（先駆放電）が発生しやすく、冬季雷は夏季雷よりも高構造物に集中して落ちやすい、という特徴もあります。

　冬季雷の厄介な点は、なんと言っても雷の持つエネルギーの大きさにあります。夏季雷も冬季雷も電気設備にとっては招かざるものには変わりありませんが、一般に夏季雷は高い電流波高値のため電気電子機器の絶縁破壊を起こしやすく、この場合は壊れた機器や素子を交換するだけで十分対応が可能なケースがほとんどなので、一般に修理コストも発電不能時間もそれほど深刻ではありません。それに対し冬季雷は、雷の持つ大きなエネルギーによる機器焼損事故など、事業者にとって甚大な被害を及ぼしたり公衆安全を脅かす場合が多く、大きな脅威となります。

　特に風力発電にとっては、送配電線や変電所などの一般の電気設備よりもその脅威度が増大します。なぜなら、夏季雷ではブレード（翼）が破壊されるまでには至らず、せいぜい風車内部の弱電機器の絶縁破壊を起こす程度ですが（その場合は単純に部品の交換をするだけの場合が多い）、エネルギーの大きい冬季雷では、ブレード内の水蒸気爆発によりブレードが噴破したり、ブレードシェルの接着面がアークの衝撃により剥離してバナナの皮のように裂けたり、レセプタなどの部品が飛散・落下したりといった、深刻な機械的損傷を招くことがあるからです。

第3章　風力・太陽光の事故・トラブル　77

冬季雷の特殊性

ところで、JISやIECなどの規格の世界では、雷の大きさはエネルギーではなく放電電荷で評価するのが一般的です。図3.6にJISで規定された雷電流の形状と雷パラメータの定義を示します。現実の雷はもっと複雑ですが、試験やコンピュータ・シミュレーションのために規格化された標準的な雷波形とお考え下さい。

夏季雷は波頭長（電流が急激に上昇する時間T1）が1～数マイクロ秒、波尾長（電流が減衰する時間の半分の時間T 2）が数十マイクロ秒程度のものが標準的なものとして知られていますが、一方、冬季雷は波尾長が数百ミリ秒と非常に長いものが多く観測されています。電流波形を時間積分すると放電電荷になり、さらに放電電荷に電位差（電圧）をかけたものがエネルギーとなるので、波尾長が長いほど電荷量やエネルギーも大きくなることが図3.6からもわかります。

図3.6 雷電流波形の模式図[3.20]

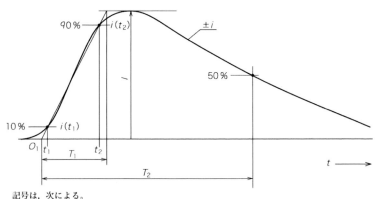

記号は、次による。
- O_1　規約原点
- I　電流波高値
- i　電流
- t　時間
- T_1　波頭長
- T_2　波尾長

この放電電荷については、国際規格IEC 61400-24:2010『風車 —第24部: 雷保護』で、最も厳しい雷保護レベルLPL Iの場合、300C（クーロン）まで耐えることが規定されています。しかし、我が国の冬季雷では

600Cを越えるものも多く観測されており、中には1,000Cを越える観測例も存在します。これは困りものです。

　従来、この冬季雷（より正確には大きな放電電荷を持つ上向き雷）が多発するところは、日本海沿岸など世界的にも限られた地域にしかないとされてきました[注32]。しかも、このような珍しい自然現象が発生する地域に比較的人口が密集しており、送電鉄塔や通信鉄塔、風車など人工的高構造物が数多く建設されているのは、やはり日本特有です。したがって、日本の冬季雷は特殊すぎて国際規格に盛り込むことが難しく、定められた放電電荷300Cという規定値では、冬季雷から設備を守るには全く十分でないことは容易に予想できます。

　このことは古くから日本の電力関係者にとっては「常識」で、日本の雷害対策は国際規格に頼らず独自でノウハウや理論を蓄積し培ってきましたが、風力発電の分野ではその常識や知見もまだ十分に共有できていないようです。特に2000年頃に導入された初期の風車では、そのような冬季雷に関する知見が各風力事業者にほとんど浸透しないまま、国際規格に則った海外製品を設置してしまい、「国際規格に準じているはずなのに」次々と落雷による甚大な被害を引き起こしてしまったという経緯があります。

　このように、ある分野では半ば常識として通用していた情報が、他の若い分野や新規参入者にうまく水平展開できていないということは、非常に問題です。我が国の冬季雷では、放電電荷という物理的要因だけでなく、その特殊性から国際規格だけでは対応できず、かつ他の分野で培ってきた対策技術が他の新規分野（風力発電）にも十分共有されていない、などといった産業構造的な難点が、問題解決の難しさに拍車をかけている要因とも言えます。

　放電電荷の問題については、2008年にNEDOが『日本型風力発電ガイドライン 落雷対策編』を発行し[(3.21)]、日本海沿岸地域では600Cにも耐えうることを「推奨」し、以降日本ではこれがデファクトスタンダードとなりました。また2014年には、前述のIEC 61400-24の翻訳版であるJIS C 1400-24が発行され、その中で日本独自の附属書を設け、そこで600C

が義務付けられました。つまり、デファクトではなく正式に国内スタンダードに昇格したわけです。このように、規格の世界も着々と進化しています。

　これにより、日本の冬季雷にも対応した規格の制定によって風力発電の雷害対策は大きく進展し、大きな効果を上げる…はずだったのですが、現在でも相変わらず雷による事故は確実に減っているとはなかなか言えない状況です。原因はどうやら単純に技術的な問題だけではなさそうです。それがなぜかは、次節で詳しく見ていくこととします。

||||||||||||||||||||||||||||||||||||||||||||||||||||||||||||||||||||||||||||||||||||||

注3.2：その後、2016年に発表された最新の研究成果によると[3.22]、従来日本海沿岸など限られた地域でしか観測されないとされていた冬季雷が、世界各地で発生していることが明らかになりました。この理由としては、(i) 近年の雷観測技術の目覚ましい進展により従来観測できなかった自然現象を観測できるようになったこと、(ii) 発電用風車という従来にはない100 mを超す独立高構造物の建造が急速に進んだことにより冬季雷の発生条件が増加したこと、があげられます。このように21世紀になっても十分解明されていない自然現象はまだ多数あり、それがここ数年で急速に明らかになってきたということを現在リアルタイムで実感できるのは、科学技術史的な観点からも興味深いものがあります。

||||||||||||||||||||||||||||||||||||||||||||||||||||||||||||||||||||||||||||||||||||||

3.4　風力発電の事故と規制の変化

　前節では冬季雷について解説しました。日本の冬季雷にも対応したガイドラインや規格の制定によって風力発電の雷害対策は大きく進展しています。…が、しかし。確かに技術的にも事故被害メカニズムの解明や対策技術の提案はそれなりに蓄積が進んでいるのですが、現在でも相変わらず雷による事故は時折発生します。それはなぜか？ 規格に従っていても事故は防止できないのか？ 本節で考察していきます。

部品落下事故は社会的影響が重大

　2013年から2014年にかけての冬季は、過去数年に比べ観測された雷日数も多く、それに伴い風力発電の雷事故も突出して多い年で、特にブレードやレセプタ（受雷部）など風車構成部品の落下事故という、大きな事故が少なくとも6件報告されました。経済産業省ではこの一連の事故を重く受け止め、2014年2月から事故WGを発足させたということは前節までに述べた通りです。2013年は雷以外にも、設計不良等によるタワー倒壊など、より深刻な事故も発生していますが、本節では雷事故に特化して分析します。

　事故調査の結果、事故の様相や原因はそれぞれさまざまですが、今回改めて問題になったのが構成部品の「落下」、「飛散」です。ブレードそのものが焼損して落下するという事故はもちろん重大ですが、たとえ小さな部品であっても、公衆安全上、落下事故は望ましいものではありません。「小さな部品」とは言え、実際に大きさ40cm角、重さ5kg程度のレセプタが脱落して150m近く飛散したり、1m近くある翼端部が120m以上離れた地点に落下したりといった事故も報告され、人身事故に至らなかったのは不幸中の幸いとしか言いようがありません。

　特にこれらの事故で問題となったのは、部品が飛散・落下した場所が

第3章　風力・太陽光の事故・トラブル　｜　81

遊歩道や小学校のスクールゾーンの近くだったり、あるいは第三者の施設だったりと、公衆安全に大きな影響を及ぼす可能性があったことです。公衆安全への潜在的脅威は、個々の風車やその当該の事業者だけの問題ではなく、風力発電全体の社会的イメージにも負の影響を与え、風力発電そのものの社会的受容性を低下させかねません。さらに万一、人身事故が発生した場合、不可逆的な取り返しのつかない事故となり、賠償問題が発生するだけでなく、本来地域社会と共存できる可能性をもつ風力発電の社会受容性がより大きく損なわれ、その影響は極めて大きくなることが予想されます。これは重大です。このような事故が再発しないように、早急に対策案を確立する必要があると言えます。

「風車が第三者の生命・財産に与える被害」を考慮することは、経済学的には負の外部コスト（外部負経済）を考慮することに相当します。外部コストを定量的に同定することは困難ですが、かといって定量的に同定できるようになるまで外部コストを考慮しないという姿勢は現代の社会では許容されず、特にエネルギー問題ではより厳しい評価が社会から課せられています。

このような状況に鑑み、風力発電の雷事故対策は、一般市民目線で社会的リスクも考慮した上で、十分検討しなければなりません。

主な事故原因その１：設計上の問題

事故WGで公表された事故調査報告を詳細に読んでいくと、主に2つの要因に分類されることがわかってきました。ひとつは設計上の問題、すなわちメーカー側に起因する問題であり、もうひとつは運用もしくは保守の問題、すなわち発電事業者側に起因する問題です。

まず設計上の問題としては、前節でも取り上げた、600Ｃという電荷量の基準が再び問題になります。NEDOのガイドラインやJIS C 1400-24:2014の制定によって、我が国では600Ｃまで耐えうることが義務付けられるようになりましたが、一連の事故を調査した結果、「600Ｃまで耐えうること」とは引下げ導線の直径のみで判断されることが多く、レセプタや

ブレード部材の電気的・機械的接合部に関してはあまり関心が払われていなかったことが明らかになりました。

確かに、ガイドラインやJIS規格には「600Cまで耐えうること」を具体的に示す試験方法までは書かれていません。これは規格の不備や死角と言われても仕方ありませんが、一般に規格は十分実証可能な科学技術的知見に基づくデータを元に、多くのステークホルダーが合意し実施できるものしか採用されない傾向にあります。

規格自体も技術の進歩や知見の蓄積に伴い、日進月歩で進化していくものです。多くの規格は、数年のサイクルで見直され、バージョンアップされるのが一般的です。一連の事故のうちのいくつかはレセプタやブレード部材の強度など、設計上の問題に起因するものが見られましたが、このような事故はまさに規格の死角であると言えます。10年前に日本の冬季雷の知見があまりなかった頃に、300Cの国際規格に準拠した風車が大きな雷事故にあい、「規格には従っていたのに…」と言われた状況と、ほとんど似たことが今回も起こってしまったことになります。

主な事故原因その2：メンテナンス上の問題

一連の事故では、事故原因としてもう一つ特徴的なものが浮かび上がりました。それは発電事業者側の保守に関するケースです。例えばあるブレード飛散事故では、事故後の調査で初めて発覚したこととして、過去に軽微な雷事故があった際にどうやら引下げ導線に断線があり、それを定期点検時に見落としていた可能性があると報告されています。また別の事故では、修理時にメーカーの意図とは異なる接地方法をとったため、雷電流経路に異常が生じてスパークを起こし、付近の可燃物に引火した可能性が指摘されています。

このように、本来適切な保守点検が行われていれば防げていたはずの事故が、不十分な保守により重大な事故に発展するに至ったケースが複数報告されています。しかしこの問題は「適切な保守点検が行われていれば」と現場のせいにしてはいけません。現場のノウハウや個人的努力

第3章　風力・太陽光の事故・トラブル　83

に責任を負わすのではなく、事業全体で保守点検やメンテナンスの重要性をどれだけ認識し、その部門に適切に人材とコストを投入しているかという、経営の問題にまで踏み込む必要があります。メンテナンスは何か特定のデバイスを買ってきてビルトインすれば対策は万全、という類いのものではなく、長年の経験によって育てる文化のようなものだからです。

　また特に風力発電の分野では、メンテナンスは個々の事業者のみの問題ではなく、業界全体で共有すべき問題となります。一般に、ある特定の事業者やメンテナンス会社が頑張ってノウハウを培ったとしても、それをやすやすと他社に公開するわけにはいきません。しかし一方、ノウハウを囲い込んで、ノウハウのない新規事業者が万一大きな事故を起こした場合、社会的受容性という点からその影響は風力業界全体に大きく波及します。したがって、メンテナンス技術（とその重要性の認識）の水平展開は、今や業界全体で取り組まなければならない喫緊の課題とも言えます。

　以上のように、日本の風車雷事故対策は、技術的にも規格上もそれなりに対策が提案されてきているのですが、まだまだ十分ではなく、さらに細かい取り決めをしないと事故の再発が防げないことが明らかになってきました。まさに事故対策の努力は「これで終わり」という終着点はなく、不断の努力が必要です。

経済産業省の中間報告

　経産省の事故WGでは、一連の事故調査の結果からその防止対策をとりまとめ、2014年6月に中間報告書が公表されました[3.23]。表3.3にその概要を示します。

　この中間報告書の骨子は、主に1) 設備対策と2) 運用対策に分けられます。1) の設備対策では、特にイ）雷撃検出装置の設置と雷撃時の運転停止及び速やかな点検実施が盛り込まれ、「直撃雷後直ちに運転停止することは、当該事故の発生予防に効果が高い対策」（中間報告書本文より）で

表3.3　経済産業省の風車雷害再発防止対策（概要）[3.23]

考え方		・人体に危害を及ぼし、又は物件に損傷を与えないよう、可能な限り事故発生リスクを低減 ・落雷による事故発生リスクの重大性を組合せにより評価した上で、設備設置後も含め、サイト毎に最適な対策を講じていくこと
1)設備対策	ア）耐雷設計の見直しと適切な補強対策	・サイト毎に当該設備の立地状況等を踏まえた上で、耐雷設計の見直しを検討するとともに、適切な補強対策に取り組むこと
	イ）雷撃検出装置の設置並びに落雷時の運転停止及び速やかな点検実施	・サイト毎に当該設備の立地状況等を踏まえた上で、原則として、雷撃検出装置を各発電用風力設備に設置するとともに、直撃雷検出時に運転を直ちに停止し、落雷による異常の発生状況及び健全性の確認を行う等、速やかに安全点検を実施すること
	ウ）雷撃から風車を保護するような措置（技術基準の解釈の見直し）	・落雷の発生状況等の地域特性を踏まえ、雷撃から風車を保護する効果が高く、かつ、容易に脱落しないレセプター（雷からの保護装置）の施設、雷撃検出装置の施設等を行うこと
2)運用対策	ア）耐雷機能の定期的な点検の確実な実施	・耐雷機能の健全性の維持状況を確認するための定期的な安全点検の確実な実施
	イ）雷接近時の運転停止又は運転調整	・サイト毎に当該設備の立地状況等を踏まえた上で、雷接近時に風車を事前に運転停止することや、脱落・飛散した場合に想定される飛距離を踏まえた運転調整
	ウ）取扱者以外の者に対する注意喚起の強化	・厳しい気象状況が見込まれる場合には、こうした事故が発生する危険性について、可能な範囲で、当該設備の施設場所だけでなく、その周囲の適切な場所への表示（標識設置等）や掲知等の取組を講じること
3)その他の対策	ア）事故情報の共有による自主保安の促進	
	イ）落雷対策に係る調査研究の促進	

あると謳われているのが特徴です。

　この点を技術的に見ると、これまで雷撃時刻や波高値・放電電荷まで計測できる高価なロゴスキーコイルか、雷電流通過の有無しか確認できない安価な雷検出カードなどしかなかった雷観測製品に対して、新規開発のイノベーションが今後起こるものと期待できます。このイノベーションに関しては、本節の後半で詳述します。

　また、1) のウ）雷撃から風車を保護するような措置も重要であり、従来の「600 C」の基準や推奨から一歩踏み込んだ内容となっています。先に述べた通り、「600 C まで耐えられる」ことは引下げ導線の直径のみで判断されることが多く、レセプタやブレード部材の電気的・機械的接合部に関しては言及がありませんでした。そのため、中間報告書では、雷対策重点地域（日本海沿岸などの冬季雷地区）においては「600クーロン以上の電荷量を想定したレセプター及び引下げ導体（設備との接続部を含む）の施設、雷撃から風車を保護する効果が高く、かつ、容易に脱落しないレセプターの施設、雷撃検出装置の施設等」（同本文）と、より具体的な表現で対策が提案されています[注3.3]。

　また2) の運用対策として、ア）耐雷機能の健全性の維持状況を確認するための定期的な安全点検の確実な実施が盛り込まれています。これは

第3章　風力・太陽光の事故・トラブル　85

前述した引下げ導線の断線のチェックなどに相当します。引下げ導線の導通性の確認は、長尺のブレードでは両端に電極をつけて計測することが非常に困難で高コストであり、この点も新たな計測法のイノベーションが期待されます。

||||||||||||||||||||||||||||||||||||||||||||||||||||||||||||||||||||||||||||||||||||||

注3.3：なお、「レセプタ」はJISによる表記、「レセプター」は経済産業省による表記です。同様に「引下げ導線」はJISによる表記、「引下げ導体」は経済産業省による表記です。本書は基本的にJISの用例に従って用語を統一していますが、引用部分はオリジナルに従ってそのままの表記を採用しています。

余談になりますが、複数の分野やセクターにまたがる技術の場合、このような用語のゆれや異動が散見されるので、複数の文献を参照する際には混乱しないよう注意が必要です。

||||||||||||||||||||||||||||||||||||||||||||||||||||||||||||||||||||||||||||||||||||||

風技解釈の改正

その後、「中間報告書」での提言に基づくかたちで、2015年2月6日に『発電用風力設備の技術基準の解釈について』（いわゆる風技解釈）が一部改正されました[3.24]。この風技解釈は厳密には義務的遵守事項ではなく、ここに記載されている解釈以外の解釈も合理的に説明が可能であれば選択可能ですが、実質的には国内ではデファクトスタンダードと見なされるものです。この改正により、既に制定されたJIS C 4100-24:2014よりもさらに踏み込んだ厳しい安全要件が課せられたことになります。

改正の主な点は、「発電用風力設備の技術基準を定める省令」（いわゆる風技）の第5条3項に規定する「雷撃から風車を保護するような装置」を満たす要件として、「次に掲げる地域の区分に応じ」と雷保護を重点的に行わなければならない地域を明示的に示したことです（図3.7参照）。この地域とは、新エネルギー・産業技術総合開発機構（NEDO）が2008年に公表した「日本型風力発電ガイドライン（落雷対策編）」[3.21]で提示された「雷対策重点地域」に相当します。

また、この図3.7に示された地域では、

図3.7　風技解釈で定められた風車雷保護に係る地域[3.24]

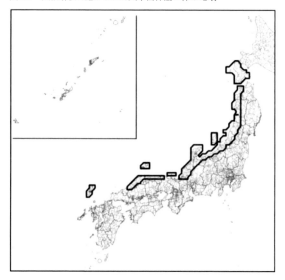

(イ) 風車への雷撃の電荷量を600クーロン以上と想定して設計すること。
(ロ) 雷撃から風車を保護する効果が高く、かつ、容易に脱落しない適切なレセプターを風車へ取付けること。
(ハ) 雷撃によって生ずる電流を風車に損傷を与えることなく安全に地中に流すことができる引下げ導体等を施設すること。
(ニ) 風車への雷撃があった場合に直ちに風車を停止することができるように、非常停止装置等を施設すること。

という要件が、今回の風技解釈の改正で新たに付け加えられました。この中で、(ロ)項と(ハ)項は風車製造メーカーや部品供給メーカー、施工業者にも関連しますが、発電所の所有者もしくは運用事業者にとっても無関係ではありません。なぜならこれらの施設の責任は最終的には風車の所有者や運用事業者が負うことになるからです。また、仮に施工後の経年劣化や予期せぬ異常によって(ロ)項および(ハ)項の要件逸脱が発生した場合でも、適切なメンテナンスにより早期発見・予防ができる可能性も高いからです。事故WG資料でも見られた通り、「きちんとしたメンテナ

ンスさえあれば事故を防げた可能性がある」というケースは多く数えられます。

規制とイノベーションの関係

また、(二)項の雷撃後の非常停止装置等の施設も重要です。この規制は技術的に見ると、まず風車が雷撃を受けたかどうかを直ちに検出する装置が必要となります。このような雷撃検出装置は、これまでも存在していましたが、例えば精密なフィールド観測用に開発された高価なロゴスキーコイルという測定装置か、その逆に雷電流通過の有無しか確認できない安価な雷検出カードなどしかありませんでした。

前者のロゴスキーコイルは、世界に類を見ない日本独自の技術でNEDOプロジェクト専用に特別に開発されたものであり、数百msec.程度の低い周波数帯域から1μsec.以下の高周波数帯域までをカバーする非常に高性能の測定器です。非常に高性能ですが装置も巨大でコストも高いものです。学術的に未解明な分野で世界に先駆けた観測を目指したNEDOプロジェクトであれば意義のあるものの、これを日本国内の全ての商用風車に設置するというのは経済的合理性がありません。一方、雷検出カードは海外でも使われる簡易で安価なセンサですが、通常一回限りの使い捨てタイプが多く、電流値や電荷量の定量的な測定はできないので、このままの性能ではとても改正風技解釈の性能要件を満たしません。

したがって、風技解釈の改正という「規制の変化」によって、安価にかつ正確に雷撃時刻や波高値・電荷量まで計測できる、これまでにない雷観測製品のイノベーションが必要になるものと考えられます。できるだけコストを抑えながらかつある程度の精度で雷電流を計測し、従来の風車のSCADA（監視制御システム）にも容易に組み込める計測システムの開発が急務となります。同時に、センサの過剰反応により風車の停止が無用に多くならないような合理的な閾値（しきいち）設定など、実際のフィールド観測によるデータの収集と分析が必要となります。

規制とイノベーションの関係は「ポーター仮説」として知られており、

「環境規制はイノベーションを阻害するのでなくむしろ促進する」と、マイケル・ポーターが1991年に発表した論文で提起しています。これは風車の雷保護という分野でもあてはまります。日本の冬季雷対策を意識してかどうかはわかりませんが、海外メーカーも小形で比較的安価な風車用雷検出装置を着々と開発しており、日本でもいくつか開発や製品化を進めているメーカーもあります。今後、この分野での日本の技術革新に期待したいところです。

電気事業法改正によるメンテナンス体制の強化

また、2015年6月17日には参議院で電気事業法の改正法案が可決され、改正電気事業法（第3弾）が成立しました。この改正は2020年の発送電分離が争点になっており、国会での議論やマスコミの耳目もその点に集中しました。実はあまり目立たないながらも、風力発電のメンテナンスに関しても重要な改正が盛り込まれていたのです。

改正電気事業法の第55条には、今回新たに「電気工作物のうち、屋外に設置される機械、器具その他の設備であって主務省庁で定めるもの」という項が追加されました。厳しい自然環境下で運転している中で設備の著しい劣化が生じ、公衆の安全に支障を来す恐れのある電気設備に対して、定期事業者検査制度を追加することが予定されています。これは、従来行われていた火力発電の定期安全管理検査と同様の検査を風力発電にも広げる動きであると解釈できます。

この改正電気事業法第3弾の成立を受けて、2015年9月にはさっそく、経産省委託業務として「風力発電設備の維持及び管理の動向調査専門家委員会」が立ち上げられ、2016年3月に海外でのメンテナンス動向や検査項目の提案なども含めた報告書が公開されました[3.25]。また同時に、民間でも自主検討スキームの構築に向け議論が進み、日本風力発電協会(JWPA)において産業界での合意形成が進められています[3.26]。

上記のような委託業務報告書などの結果を受け、2017年3月には、「発電用風力設備の技術基準の解釈について」（風技解釈）が改正され、風力

発電設備に係る定期安全管理検査制度が導入されました[(3.27)]。これにより、「改正電事法施行後は、登録機関が設置者の実施した単機出力500 kW以上の風力発電設備に係る定期事業者検査について、その検査品質を確認するとともに事業者の保安力を評価し、定期安全管理審査の延伸又は短縮が可能とする制度を新設する」[(3.27)]ことになったわけです。

このような「規制強化」は、産業界にとってコストアップの方向に捉えられる傾向にあります。しかし、風車の法定耐用年数の期間内での健全な運転を維持するためにはむしろ当たり前の作業であり、従来、適切に点検を行ってきた事業者にとってはそれほど深刻なコスト負担にはならないという意見もあります。むしろ、適切にメンテナンスを行わない事業者が存在する場合、万一の事故が他の事業者にも風評被害を及ぼす可能性もあり、風力発電そのものの受容性を著しく低下させる可能性もあります。これもリスクマネジメントの観点から、適切なリスク対応への必要な投資として考えられるでしょう。

進化し続ける規格

一方、国際規格の現場では、JIS C 4100-24の元になったIEC 61400-24の改訂作業が既に始まっています（3.1節注3.1も参照のこと）。そこでは日本側の意見として、冬季雷対策として放電電荷600 Cの要件や事故WG中間報告書の内容を盛り込むよう交渉が進められ、日本提案が原案に盛り込まれました。

国際水準よりも一歩先に行っている日本の知見をなんとか盛り込むことに成功したというかたちですが、今後各国からの修正コメントの受け付けやそれに伴う修正作業、各国投票を経て、IEC規格の新しいバージョンが制定されるのはあと2～3年後、そしてそれを元に改訂されるであろうJIS規格の次のバージョンはさらに2～3年後、というスケジュールになります。

このように、国際・国内規格は数年ごとにバージョンアップを繰り返し、ダイナミックに進化していくものであることを理解するのはとても

重要です。規格は一度決まったらそれで万事解決、という静的なもので
は決してありません。また、その改訂サイクルの間、特に公衆安全や保
安に関する早急な対応が必要な重大な問題点は、国の規制や民間のガイ
ドラインが先行する場合もあります。

規制や規格の変化をウォッチすること

以上、主に風力発電の雷保護の観点から、ここ最近の規制の動きを概
観しました。表3.4に、風力発電の雷保護に係る規制・規格の動きをまと
めます。この表を一覧してわかる通り、ここ数年、毎年のようにめまぐ
るしく規制や規格が変化していることがわかります。

表3.4 風力発電の事故防止に係る規制・規格の動向

年月	出来事
2002 年	IEC TS61400-24 制定
2008 年	NEDO「日本型風力発電ガイドライン：落雷編」発行
2010 年	IEC 61400-24 Ed.1.0 発行
2014 年 2 月	経済産業省 産業構造審議会 電力安全小委員会傘下に新エネルギー発電設備事故対応・構造強度ワーキンググループ（以下、事故 WG）発足
2014 年 6 月	事故 WG「落雷事故を踏まえた今後の再発防止対策等について（中間報告書）」を公表
2014 年 8 月	JIS C 1400-24 発行（600 C の義務化）
2015 年 2 月	風技解釈改正（雷撃検出装置、落雷後速やかに点検義務など）
2015 年 6 月	国会にて電気事業法改正（第3弾）が成立 （風力発電の定期メンテナンスに係る条項の改正が含まれる）
2016 年 3 月	経産省委託事業:「風力発電設備の維持及び管理の動向調査」報告書
2017 年 3 月	風技解釈改正（定期安全点検など）
2017 年 3 月	風技解釈解説改正（雷撃検出装置、定期点検 など）

本節では、冬季雷の物理的な現象の説明から始まって、重大な雷事故
がなぜなかなか減らないかを、規格や規制と絡めて見てきました。2013
年〜2014 年の冬季に多発した雷事故を精査した結果、(1) 規格の死角と

第3章 風力・太陽光の事故・トラブル

もいえる設計上の問題、(2) 保守点検のノウハウの水平展開の不足、が浮かび上がってきました。特に風力発電のような発展が目覚ましい分野では、最新の知見が規格に反映されるまでにタイムラグがあり、単に規格に受動的に従っているだけでは十分ではないということも明らかになりました。

　例えて言うなら、保安や保全に関する規制や規格は、最低限遵守しなければならないスポーツのルールブックに相当するものです。しかし、ルールブックに従いさえすれば、怪我なく試合に勝てるわけではありません。風力発電に限らず、メンテナンスや事故防止は「規制や規格に従えば十分」、「これさえすればOK」というものではありません。常に最新の情報や知見をウォッチしながら不断の努力を続けていくことが重要です。

　規制の変化を遅滞なくウォッチするということは、事故防止や公衆安全のために最低限行うべき義務を果たすだけでなく、新たなイノベーションを興して競争力をつけるチャンスでもあります。裏を返せば、規制や規格の変化に対応できず漫然とBAU（Business As Usual: これまで通り）を続ける企業や組織は生き残れない、ということを意味します。メンテナンスは日本語で「保守」とも訳されるので、BAUで変化のないルーチンワークと勘違いされる可能性もありますが、本来、常にアンテナを張って機敏に変化に対応しなければならないイノベーティブな分野なのです。また、そのような速いスピードの情報を逃さず、さらにその一歩先を行くことが、さらなるイノベーションやビジネスチャンスにつながることになるでしょう。

3.5 太陽光発電の事故防止と規制動向

　前節まで風力発電の事故について取り上げてきましたが、本節以降は太陽光発電の事故について議論していきます。前節でも取り上げた経産省の事故WGは、風力発電の事故をきっかけに設置されたものでしたが、2015年の台風15号（8月25日九州上陸）により太陽光パネルの倒壊・飛散などの事故が相次いだため、ここ数年は太陽光の事故に関しても調査と対策の議論に時間が割かれるようになってきています。

増加する太陽光発電の事故

　太陽光発電のパネル飛散事故などはこれまでも皆無ではありませんでしたが、2015年の台風15号により一度に複数の地域で比較的大きな被害が多発したため、マスコミの耳目も集めたことは記憶に新しいかと思います。経産省では一連の事故を受け調査を開始しました。例えば九州産業保安監督部が管内の全ての太陽光発電設備（50 kW以上、計3,162件）に対して被害状況の調査を行ったところ、回答数3,046件（約96%）に対して138件（約4%）に何らかの被害があったことが明らかになりました（表3.5）。

表3.5　2015年台風15号による被害[3.28]

	被害の種類	50～500kW (1440件)	500～2000kW (1540件)	2000kW～ (66件)	計 (3046件)
事故報告対象	公共の施設（工作物）に被害を与えた事故	1	0	0	2
	500kW以上の設備損壊	－	1	0	
事故報告対象外	構外へのパネル飛散	0	2	0	136
	発電設備被害	23	47	7	
	その他（発電設備被害以外）	10	37	10	

※その他一般用電気工作物（50kW未満）で公共の施設（工作物）に被害を与えた事象2件。

　表3.5から、事故報告対象となっている（経産省の電気保安統計に「電気事故」として計上される）事案は2件のみだったものの、事故報告対

象外でも「ヒヤリハット」あるいはそれ以上のレベルの問題が136件と
多数発生していたことが明らかになりました。特に、構外へのパネル飛
散だけでは現行ルールでは事故報告義務はないものの、第三者に被害を
与えなかったのは単に不幸中の幸いと言うしかありません。また、「発電
設備被害」も運良く構外に飛散しなかっただけで、これも公衆安全予防
の観点からは看過できるものではありません。

不適切な設計・施工も発覚

　さらに、発電設備の被害があった事案について、設備規模別の損壊状
況をまとめたものが表3.6です。この表は、表3.5の太枠線の中のデータ
のうち事故報告対象外の「構外へのパネル飛散」および「発電設備被害」
の合計数である事案79件を対象に、損壊状況を分類したものです。この
表から、発電設備の被害があった事案79件中、全ての規模を合計して54
件（約7割）で構造面での問題（表中①及び②）が発生し、35件（約4割）
でパネルの脱落・飛散が生じていることがわかります。また、特に2 MW
(2000 kW) 未満の設備で大量のパネル脱落・飛散を伴う損壊事案が多数
発生しており、とりわけ500 kW～2000 kWクラスの設備において顕著で
あることもわかります。

表3.6　発電設備の被害があった事案における設備規模別の損壊状況[(3.28)]

計79件 ※重複被害があるものは、より重大な 原因に計上（重複計上はなし）	①基礎の損壊、杭の引抜け、架台の倒壊など	②架台のゆがみ・変形、接合部の外れ	③飛来物による破損	パネルの脱落・飛散があった件数 （①～③のカッコ内の件数の合計）
2000kW～（7件）	3（1）	3（1）	1（0）	（2）
500～2000kW（49件）	7（6）	26（16）	16（0）	（22）
50～500kW（23件）	3（2）	12（9）	8（0）	（11）
合計	13（9）	41（26）	25（0）	（35）

※いずれも軽微な異常（杭の僅かな浮上り等）を含む。
なお、カッコ内はパネルの脱落・飛散があった重大な被害のあった件数

　なお、2 MW以上のいわゆるメガソーラーでも7件の損壊事案が発生
していますが、構造強度に起因する重大な損壊ではないことが明らかに
なっています。2 MW以上の設備は工事計画・使用前安全管理検査の対

象であるため、比較的適切に設計される傾向があることが推測されます。一方、本来2 MW未満の設備は工事計画・使用前安全管理検査の対象ではありませんが、技術基準に基づいて適切な設計が自主的に求められていることが大前提です。安全に気を使わなくてよいという意味ではありません。

事故WGの資料では2 MW未満の設備の被害詳細も記載されており、その中には「地盤調査は実施していない」、「逸脱した施工方法」、「技術基準に定める設計基準風速を下回る風速で強度計算を実施」などの本来あってはならない理由が並びます。

図3.8は発電設備の被害があった事案79件に対して構造設計の状況を調査した結果ですが、この結果によると、そもそも「設計基準風速が不足」および「強度計算を未実施」の設備がそれぞれ8件あり、79件中合計16件（約2割）にも上ることが明らかになりました。つまり、あってはならないことで被害を発生させたことになります。

図3.8 発電設備の被害があった事案における構造設計の状況[3.28]

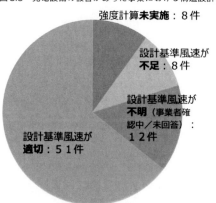

「発電設備の被害」は第三者に対して被害を及ぼしたわけではなく、経済産業省に電気事故として報告義務はないものですが、状況によっては容易に人身事故につながりかねず、看過できるものではありません。ましてや、技術基準を遵守しない例も複数存在するという事実は、業界全体で重く受け止めなければなりません。

第3章　風力・太陽光の事故・トラブル　95

事故WGでは、上記のような不適切な設計・施工による太陽光発電設備の被害の多発を受け、特に中小規模の設備を念頭に、既存設備も含め安全性確保に向けた対策の検討が議論されました。検討の方向性としては以下の5点が挙げられます。

1. 標準仕様の提示、技術基準の再検証、簡易な安全対策の検討
2. 使用前段階での事前確認の強化
3. 事故報告の強化
4. FITと連携した設置・運転状況の把握、不適合事案への対処
5. 適切な保守管理を行っている事業者に対するインセンティブ

お粗末な理由による長期売電停止

　また、事故WGでは、資源エネルギー庁によるFIT認定設備における売電停止案件に係る調査の速報値も提出され、3ヶ月を超えて売電が停止している認定設備に対し報告徴収を行ったところ、実際に発電を停止していた設備が154件あることが明らかになりました。うち10件は高圧設備（50 kW以上）、残りの144件が低圧設備（50 kW未満）の事案です。図3.9に低圧および高圧設備における長期停止の理由の分類を示します。

図3.9　低圧および高圧設備における長期停止の理由[3.29]

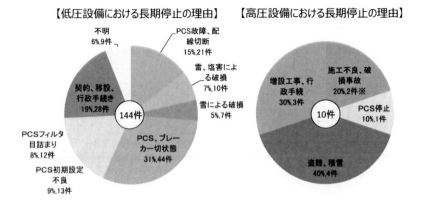

図3.9から、低圧設備の長期停止の理由のうち、実際に予期せぬ事故と判断される「PCS故障、配線切断」、「雷、塩害による破損」、「雪による破損」が全体の4分の1しか占めておらず、他は「PCS、ブレーカー切状態」、「PSC初期設定不良」、「PCSフィルタ目詰まり」などの理由が約半数を占めていることがわかります。これらは、機器の状態監視を適切に行っておらず、軽微な不具合が放置されていたものと推測されます。

　ここで問題視しなければならないのは、売電停止という本来ビジネスに直結するはずの重大な事象に対して、しかも外的要因や予期せぬ事故でもないにも関わらず、3ヶ月も対策がとられずに放置してしまったという事案が多数報告されている、という事実です。これは取りも直さず、当該発電設備の所有者・運用者にビジネスマインドや危機管理意識がほとんど全くないということにほかならず、事態はより深刻です。

　第1章でも述べましたが、発電ビジネスは設備 (kW) を建てておしまいではなく、こつこつと発電を続け電力量 (kWh) を売ることが重要です。kWhを売らなければ収入が得られませんし、FITの恩恵も受けられません。発電設備の所有者・運用者にビジネスマインドがなく事業破綻するというだけならまだ自己責任の範囲ですが、発電しない設備のために系統容量を確保するとなると、これから真面目に発電事業を行おうとする他の事業者の機会を奪うことになります。経済学的に言うと、負の外部コストを確実に発生させていることになります。

　また、故障や不具合に注意を払わず長期間放置するという行為は、危機管理意識やメンテナンス精神の欠如を意味し、事故リスクを増大させる要因に結びつきます。いったん事故を起こすと、修理コストと逸失利益で「倍返し」の痛い目にあう可能性もあります。太陽光発電は「メンテナンスフリー」であるかのような喧伝が一時期流布し、未だにそのように誤解している投資家や所有者、運用者が少なくないのかもしれません。太陽光発電は可動部を持たず、風力発電ほど複雑な機構はありませんが、決して侮らずにメンテナンスの重要性を業界全体で浸透させることが急務です。なによりも、たったひとつの事故が太陽光の社会受容性を低減させ、真面目に発電に取り組んでいる他の事業者にも大きな悪影

響を与える可能性もあることは、最も大きな潜在的リスクとして考えなければなりません。

安全確保に向けた対策

　事故WGでは、安全確保に向けた対策として、

(1) 不適切な設計、施工の抑止

(2) 情報収集の強化

(3) 自主保安の向上に向けた取組

の対策が提案されました。具体的には、(1)の不適切な設計、施工の抑止として、架台や基礎の設計例など具体的な標準仕様を技術基準に例示すること、現行技術基準が必要十分なものとなっているか実証試験等を通じ検証すること、水没時の感電防止や既設設備のパネル飛散防止などに対する簡易な安全対策についても検討すること、などが提案に盛り込まれています。

　また、工事計画を要しない500 kW〜2 MWクラスの設備で大量のパネル脱落・飛散を伴う損壊事案が発生したことを踏まえ、当該規模の設備の設置者に対し、使用前自己確認制度による技術基準適合性確認を義務付けることも検討されています。さらに、技術基準への理解不足のみならず、設備の適切な状態監視がなされないまま不具合が放置されていた事案もみられることから、太陽光発電協会 (JPEA) やパネルメーカー等が設置者、設計者、施工業者等に対し、設計指針の提供や定期的なメンテナンスの実施などの情報提供・働きかけを行っていくことも提案されています。

　(2)の情報収集の強化に対しては、現時点では報告義務があるのは500 kW以上の設備損壊（パネル約1500 枚に相当）が生じたもの、およびパネル飛散による家屋等の損壊など発電所構外に著しい影響を与えた事故のみとなっています。しかし、一連の事象の潜在的危険性を踏まえ、家

屋等の損壊の有無にかかわらず発電所構外にパネルが飛散した場合や、例えば50 kW（パネル約150枚に相当）など一定規模以上のパネルの脱落・飛散が生じた場合にも報告義務を課すことも提案されました[3.29]。

　この事故WGの提案を受けるかたちで、『電気関係報告規則』（経済産業省省令）が2016年9月に改正されました[3.27]。経済産業省が発表した改正の概要では、「近年、太陽電池発電所・風力発電所の急速な普及に伴い、強風等により設備が破損し、飛散した設備が家屋を損壊するなど公衆被害を及ぼす事故も報告されており、今後も事故の増加が予想されます」（下線筆者）とはっきり書かれており、この改正が規制強化の方向に進んでいることがわかります。

規制緩和と規制強化のバランス

　事故WGでは同時に、FIT法と連携した設置・運転状況の把握、不適合事案への対処も提案されました[3.29]。この提案が盛り込まれたかたちで2016年5月に改正FIT法が国会で成立し、2017年4月1日から施行されています[3.30]。この改正FIT法は未稼働案件の排除が注目されていますが、同時に、電気事業法等の他法令違反が判明し事業を適切に実施していない場合に認定取消が可能となったことも注目すべき点です。

　これは「不心得者」の事業者にとって極めて厳しい措置となり、事故防止の観点からは歓迎すべきことですが、政策的には、本来別の方向を向いているドライバー（推進者）とレギュレーター（規制者）が協調し、規制強化の方向にバランスが揺り戻されたということを意味します。

　本来のドライバーとしてのFITの理念は、まだまだリスクが高い再エネの発電事業に対して金銭的インセンティブを付けることで多くのプレーヤーの参加を促し、産業を活性化させコストダウンと普及を促進させるものです。その点で実際に多くのプレーヤーがこの分野に参入したことはよいことですが、新規参入者が多いということは、メンテナンスに気を配らなかったり、事故や長期発電停止を繰り返したりする不心得者の事業者が出てきてしまう可能性も必然的に高まります。

理想論を言えば事故防止のための普及啓発は業界で自主努力すべきですが、それが難しい場合、規制者が介入することになります。規制強化して不心得者を排除すれば当座の事故防止にはつながりますが、その規制によって結果的に参入障壁が高くなればFITの理念が薄れてしまう可能性もあります。

　ドライバーによる規制緩和とレギュレーターによる規制強化のバランスが変わり、やや規制強化の方向に揺り戻されたということは、太陽光発電業界全体で相当に危機意識を高めなければならないことを意味しています（これは風力発電の分野でも既に経験したことです）。特に事故WGの調査からも、小規模設備になるほど技術基準違反や長期停止の放置が目立つ結果となっているため、多数の小規模事業者の意識向上（しかも単なる精神論でなくシステマティックな方法論）が、今後の事故防止やひいては国民からの受容性の向上のために急務であると考えられます。

3.6 メガソーラーのトラブルと自律的ガバナンス

　前節では太陽光発電の事故について取り上げましたが、本節ではその延長線上にある太陽光発電のトラブルについて考えたいと思います。

　「事故」と「トラブル」の違いは何でしょうか。太陽光発電はその数が増加するにつれ「事故」も多く報告され始めていますが、報道こそ大々的ではないものの、「トラブル」も多く発生していることが徐々に明らかになっています。まず、発電設備の「事故」は法律文書によって定められており、経済産業省が所轄官庁として取り扱っています。それに対して、事故に至らない事象や周辺住民との「トラブル」に関しては定義が曖昧で、現在それを調査したり問題を解決する所轄官庁も一様ではなく、全貌の把握すら難しい状況にあるようです。

　発電設備の「事故」は、前節で登場した『電気関係報告規則』の第3条に定められており、これらの事故が発生したときは事故報告を、指定された報告先（管轄産業保安監督部長ないし経済産業大臣など）に届けなければなりません。裏を返せば、同条に定められていないものは、報告義務はありません。したがって前節でも指摘した通り、仮にパネルを飛散させてもそれが発電所構内に留まっていれば、現行の規則では報告義務事項にはなりません。

　「事故」に至らない事例は報告しなくてもよいから一安心と済まされる問題ではなく、リスクマネジメントや予防保全の立場からはこのようなヒヤリハットこそ重く受け止めて改善を図らなければなりません。さらに不適切あるいは不透明な計画・運用により周辺住民に不安感を与え、摩擦を起こす事例も、可能な限り事前に予防することが望まれます。

　この問題に対して行政や規制機関も対処に動きつつあるようですが、これまでのコラムでも述べたように、本来理想的には、規制者が新たな

規制を強化する前に、民間や市場の力で自浄作用を発揮させなければなりません。太陽光業界には（もちろん風力も含む再エネ業界全体に）今まさにそれが求められています。

太陽光発電のトラブル事例

　太陽光発電のトラブルに関しては、現在のところ公的に調査され公表されたものは見当たりませんが、民間の研究機関から「メガソーラー開発に伴うトラブル事例と制度的対応策について」という貴重な報告書が公表されています[(3.31)]。

　この報告書が作成された背景には、太陽光発電のトラブルに関して「利用可能なデータベースが整備されていないため、メガソーラー開発に伴うトラブルやその政策的対応に関する既往研究は少ない」（同報告書, p.5）ことが挙げられます。また、トラブル事例の顕在化の理由として「景観、防災、生活環境、自然保護、行政の手続の不備、住民との合意形成プロセスの不足に加え、国の制度の整備不足など」（同上, p.11）が指摘されています。

　同報告書では主に新聞データベース（地方新聞含む）を元に、地元の報道記事から丹念に事例を調査し、図に示すようなメガソーラーに関するトラブルの調査結果をまとめています（厳密には1MW未満の設備でも同様のトラブルも報告されています）。これらは建設計画がもちあがったもの、計画中のもの、運転開始済みのものも含まれます。図には示されていませんが、トラブルは長野県（9件）や大分県（7件）、山梨県（5件）など特定の県に集中していることが明らかになっています。

　また、トラブルの理由は複合的なものもありますが、「景観への懸念」が22件でトップであり、「防災面の懸念」が18件、「生活環境への影響の懸念」が12件、「自然保護への懸念」が9件などと続きます。さらに詳細に見ていくと、「景観」は自然景観への影響や歴史的地区における景観への影響を懸念するものが見られ、「防災面」は土砂流出や水害の懸念など森林の保全と結びついたものが多く見られます。また、「生活環境」

図3.10 メガソーラー設備認定件数とトラブル件数[3.31]

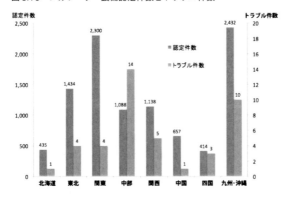

は下流域での水質汚染の懸念、電磁波や反射光の懸念、「自然保護」は森林や河川、海洋の保全、鳥類など野生生物の保全が含まれ、その他の項目としては事業者や行政による説明不足など合意形成プロセスの問題や法的手続き、行政手続きの不備が指摘されています。

同報告書では、このような無秩序なメガソーラーの開発を繰り返さないために、上述のトラブル事例が顕在化している自治体で進められている対応策を4つの手法に分類し、今後の各自治体の取り組みの参考とするよう整理しています。

1. 今後の開発計画に対し、既存の景観条例や自然保護条例を改定または新設し、メガソーラーの開発を直接的に抑制する規制的手法
2. 環境アセスメント条例の改訂を通して、一定規模以上のメガソーラーの建設に対する調査や住民説明会の開催を義務付ける手続き的義務による手法
3. 条例の制定やガイドラインの設置などにより数MW以下のメガソーラーの建設予定を事前に届出を義務付ける手続的義務による手法
4. 事業者との協定や交渉を通じて開発の影響を軽減する、代替措置を講ずる、住民との丁寧な合意形成を促すなど、行政指導を通じた自主的手法

第3章 風力・太陽光の事故・トラブル | 103

このうち特に1や4の手法はゾーニングの一形態であり、「本来は国・都道府県・基礎自治体・関連団体が連携してゾーニングマップを作成し、合意形成の基礎とするような予防的措置が必要である」（同報告書）と、国、地域双方からの予防的アプローチの必要性が問題提起されています（ゾーニングに関しては、第2章2.1節の注2.1参照）。

太陽光発電開発のための「10ヶ条の公約」

では、地元とのトラブルを起こす乱開発を予防するために、事業者側・業界側はどのように行動すべきでしょうか？ 同報告書が指摘する通り、「国の制度の整備不足」も原因の一つであり、法規制の整備は急務ですが、一方で規制当局に頼るのは最後の手段であり、民間や市場での自助努力がまず先に必要です。そのヒントとなる文献を以下に紹介したいと思います。

ロンドンに本拠地を置く「ソーラートレードアソシエーション (STA)」いう団体は、太陽エネルギーの便益を促進するための非営利組織 (NGO)ですが、その団体が公表する「ソーラーファーム10ヶ条の公約」[3.32]というものがあります。日本では「ソーラーファーム」という言葉はあまり馴染みがありませんが、メガソーラーもしくはそれに類する一定規模の定置型の太陽光発電設備に相当します。この「10ヶ条の公約」を翻訳し、引用、紹介します（ソーラーファーム10ヶ条の公約）。

ここで「**ソーラー・スチュワードシップ**」というあまり聞き慣れない言葉が出てくるのは、興味深いところです。似たような言葉に「**環境スチュワードシップ**」という用語があり、「環境の責任ある管理」というような意味で環境倫理学や生物多様性の分野で使われています。この概念は、「**土地倫理**」などの概念を提案し**環境倫理学**の祖とも見なされるアルド・レオポルト（1887〜1948）まで遡ることができます。

そもそも「スチュワードシップ」という言葉自体いかにも英国的で、直訳すると「執事としての職」です。執事というとドラマやマンガでは使用人のトップくらいのイメージしかありませんが、歴史的には大地主

たる英国貴族の財産一切を預かる管財人の役割も兼ねている信頼の厚い職業です。全ての再生可能エネルギー発電事業者は、自然界からエネルギーを収穫するために自然界や地域のコミュニティから一時的にその土地を使わせてもらっている状態に過ぎず、その財産や価値をきちんと正しく管理する義務があります。その節度ある自律的な概念が、一見古風な響きのする「スチュワードシップ」の一言に込められているのだと筆者は解釈しています。

◆ソーラーファーム10ヶ条の公約　(文献(3.32)より筆者翻訳)

STAに所属するソーラーファームの開発者・施工業者または賃貸者は、以下のベストプラクティスのための手引きを遵守します。

1. 私たちは、非農耕地または農地としての利用価値が低い土地に着目します。
2. 私たちは、国や地域で保護されている景観や自然保護地域に理解を示し、その土地の生態学的価値を高める機会を受け入れます。
3. 私たちは、景観に対する影響が発生する可能性があるところではそれを最小限に抑え、土地管理や環境計画によってプロジェクトの供用期間を通じて適切なスクリーニングを維持します。
4. 私たちは、計画申請書を提出するに先立って、地域コミュニティへの支援を模索したり、彼らの意見や提案に耳を傾けるなど、コミュニティと関わりを持ちます。
5. 私たちは、私たちのプロジェクトとともに農業利用を持続させることを約束し、生物多様性保全の方法を取り入れることで、土地の多様性を促進させます。
6. 私たちは、できるだけその地域から購入し、雇用します。
7. 私たちは、建設期間中は思慮深く行動し、プロジェクトの供用期間中はその土地の「ソーラー・スチュワードシップ（責任ある管理）」を行動で示します。

第3章　風力・太陽光の事故・トラブル　105

8. 私たちは、地域が望み商業的に実現可能性がある地域のソーラーファームに対して、コミュニティに投資機会を提供します。

9. 私たちは、それが適切な場所では、ソーラーファームを教育の機会として利用します。

10. プロジェクト供用期間の最後に、私たちは、土地を元の利用形態に復元します。

民主化された電力システムにおける自律的ガバナンス

　現在の電力システムでは、2012年のFIT法の施行後、再生可能エネルギーの発電事業への新規参入者が一千社を超えるレベルで爆発的に増加しており、従来の大規模集中電源の「貴族制」から分散型電源の「民主制」へと移行しつつあると言えます。

　しかしながら、誰もが自由に発電所を運営できるようになったからといって、無秩序が許されるというわけではありません。その移行期の弊害として、中にはトラブルや事故を繰り返す「不届きもの」も出てきてしまう可能性もありますが、それを監視し抑制するにはまず一義的には業界の自主努力による浄化作用が望まれます。

　これは理想論かもしれませんが、はじめから権力（＝規制）に頼ろうとすれば、エネルギーの民主化の理念が脆弱なものになってしまいかねません。政府が規制を強めるのは「市場の失敗」が認められたときであり、再生可能エネルギーの国民の受容性にとっては確実にマイナスになることを関係者は肝に銘じなければなりません。

　今回紹介した「10ヶ条の公約」は、海外の一団体が掲げる文書に過ぎませんが、現在のところ太陽光関係でこのような考え方を明示的に提案する日本語の文書はほとんど見当たりません。日本でもこのような節度ある自律的な考え方が徐々に（かつ遅滞なく）浸透し、住民とのトラブルや事故を予防するための建設的な議論が高まることが望まれます。

第4章　経営戦略としてのメンテナンス（対談集）

4.1 エンジニアリングとリスクマネジメント

第2章では、風力発電や太陽光発電におけるリスクマネジメントについて、リスク対応の分類法や保険について述べました。本節ではリスクマネジメントがなぜ大事かということを工学・経営学両者の観点から考察するために、公益財団法人 NIRA 総合研究開発機構 (NIRA 総研)・主任研究員の西山裕也氏にインタビューを行いました。

西山氏は、これまで中央省庁において油濁損害賠償保険など海上輸送に関係する国際条約の担当や、放射性物質輸送の国際的枠組みの安全審査など、さまざまな分野でさまざまな角度からリスク対応に取り組んできたという経験をお持ちです。また、工学と経営学の2つの修士号を保有し、エンジニアリングとマネジメントの両者の観点から、電力・再エネに関してバランスよい執筆・提言をされています（※本インタビューは2014年6月に行われました）。

リスクとともに便益もシェアする関係

安田：西山さんはこれまで船舶や放射線に関する国際枠組みを担当するなど、リスクマネジメントの現場におられたとのことですが、そのようなご経験から、新しい産業分野である風力発電のメンテナンスやリスクマネジメントに対する姿勢について何かコメントをいただければと思います。

西山：（1.2節のデンマークのメンテナンス事情について）これからの製造業は、単に「もの」を売っていくだけでは成り立ちません。自社製品にいかに付加価値の高いサービスを上乗せし、顧客と長期的な関係を構築できるかが重要な観点になります。そのサービスの一つがメンテナンスサービスなのだと思います。通常、メーカー

の立場としては、製造したら売っておしまいですが、その技術力を生かしたメンテナンスをサービスとして提供すれば、長期的な収入源となり得ます。そのような動きが活発な欧州では、明確な基準作成のニーズが高いのでしょう。

安田：その点、ヨーロッパのメーカーは、やり手というか老練なような気がします…。

西山：やはり、責任区分の明確化に対する考え方の日欧の違いが顕著に表れている例だと痛感しました。日本企業は、国際的にも利益率や付加価値率が低いのですが、こういった責任分担が明確化されていないところで「サービス」が発生してしまうところにも一つの要因があるのではないかと想像しています。日本で「サービス」というと、「無償提供」という意味合いになることが多いと思います。つまり、海外では当然対価をもらえるはずのところで、日本ではもらえなくなってしまっており、収益を圧迫しているのではないでしょうか。本来は、そのようなサービスにも相応の対価が必要です。言い換えれば、メンテナンスというオペレーション上のリスクを共有するとともに、相応の便益（＝対価）も関係者間でシェアしていくということでしょうか。

安田：なるほど…。「リスクとともに便益もシェア」というのは実に健全なコンセプトですね。

事業プロジェクトの中のメンテナンスの位置づけ

安田：ところで、風力発電に限らず、一般論として、メンテナンスは事業プロジェクトの中で重要視されにくい構造にあるのでしょうか？

西山：私はそのようなことはないと思っています。事業プロジェクトの想定をどこに置くかで答は変わりますが、少なくとも製造工程ではメンテナンスは、「保全活動」として重要な位置づけを与えられていますし、JISにも規定されています。

安田：えーと…、JIS Z 8141:2001「生産管理用語」[4.1]ですね？

第4章　経営戦略としてのメンテナンス（対談集）　109

西山：はい。生産管理における保全（メンテナンス）の位置づけが見て
とれます。工場における作業員の作業時間の設定でも、日常のメ
ンテナンスに必要な作業時間を業務時間内に組み込むことがほと
んどです。例えば、業務管理によく用いられる概念の一つで、日
本の工場で浸透している**5S（整理、整頓、清掃、清潔、しつけ）**
は、日常的な身の回りのメンテナンスを体現したものと言えます。
それから、JIS Z 8115:2000「ディペンダビリティ（信頼性）用語」
[4.2]では、より詳細に保全の体系が分類・定義されています。この
ように、工場のオペレーションを考えたときに、メンテナンスは
欠かすことのできない重要な活動の一つなのです。

安田：なるほど。「生産管理」や「保全活動」というと、エンジニアに
とってはわかりやすいですね。これは「リスクマネジメント」と
いう言葉は使ってないですが、まさにその発想の一部ということ
ですね？

西山：はい。全くその通りです。これらの諸活動を適切に実施すること
により、生産工程の信頼性が高まり、生産活動の安定化や偶発的
な故障発生率の低下などのリスク要因に影響します。それが通常
だと思います。しかし、残念ながら、ご指摘の通りメンテナンス
やひいてはリスクマネジメントが重視されていないプロジェクト
があるのも事実でしょう。例えば、公的機関の補助金などによる
いわゆる「箱物」プロジェクトにはそのような事例が多かったと
言われています。日本では、補助金などの公的資金は単年度のも
のがほとんどで、プロジェクト経費の中でも最初の建設費のみが
対象となるものが多く存在します。プロジェクト推進者は、補助
金を得ようと、初期の導入部分については、事業計画の立案・設計
などに注力しますが、その後の施設維持については考慮していな
いというケースがあります。その結果、公的資金で施設を建設し
たのは良いけれども、維持費が嵩むために、施設運営者の収支を
圧迫してしまい、最悪、予定した耐用年数を前に施設を閉鎖、ある
いは売却するという結末に至ってしまうのです。このようなケー

スは、今ではかなり少なくなってきているとは思いますが、以前は多く発生し、強い批判があったと認識しています。

もしかしたら、いくつかの風力発電プロジェクトには、このような公的資金の罠に陥っているものもあるかもしれませんね。

安田：うーむ…。これはなかなか厳しいご指摘ですね。風力に限らず環境ビジネスのほとんどの分野で、襟を正してこの言葉を聞かなければならないかもしれません。

西山：この場合、計画立案担当者は、最初の建設の部分には全力であたりますが、基本的にそれが終わればお役ご免なので、そもそも、後年に発生するメンテナンスということを思いつかない可能性があります。運営の段階になって初めて必要性に気が付くパターンです。また、より悪意に満ちた解釈をしてしまうと、計画の段階でメンテナンスの必要性に気が付きつつも、そこまで考慮したらプロジェクトが成り立たなくなるために気付づかないふりをして、または、メンテナンスに必要なコストを低く見積もってプロジェクトを進めてしまうという可能性も考えられます。一担当者としては、建設までこぎつけさえすれば評価は上がります。しかし、維持管理まで正直に検討してプロジェクトが成り立たないなどという結果を出したら、減点をくらう恐れがあります。通常、こういったプロジェクトでは、計画段階の担当者は、建設後は期間満了で異動となり、施設維持で問題が発生したとしても関与しなくて済みます。であれば、計画担当者としたら、プロジェクトを中止させるなどという選択肢はありえません。そして、残された後輩担当者が割を食います。常識的には信じられないかもしれませんが、ある一部にはそのような文化が存在していたのです。もちろん、全てのケースにあてはまるわけではありません。

安田：なるほど…、根が深そうですね…。

西山：そのような風力発電事業者は日本にはいないと信じたいところです。もしそのようなことが発生しているとすれば、これを変えるのは、内部関係者への働きかけだけでは難しく、外部圧力を使う

第4章　経営戦略としてのメンテナンス（対談集）　　111

必要性が出てきます。

安田：「外部圧力」とは、法規制や市場からの要請、市民運動などでしょうか？

西山：その通りです。また、それらとは別の動きにはなるのですが、制度的なところで、最近の公共事業では、このようなメンテナンスの問題がある程度解決されるような形式をとっているものがあります。一つにはPFI（プライベート・ファイナンス・イニシアティブ）という手法です。これは、公共施設の建設だけでなく、数年間の施設運営や維持管理も含めて、民間の資金・経営能力・ノウハウを活用するものです。代表的なものには、霞ヶ関コモンゲート（文部科学省、会計検査院、金融庁が入る庁舎）があります。もう一つ、世紀の大事業と言われた羽田空港D滑走路建設プロジェクトでは、設計と建設に加え、30年間の維持管理契約も含めた総合評価落札方式が用いられました。どちらの手法でも、設計と一体となった最適化されたメンテナンスが一定期間確約されます。加えて、トータルのコスト削減に効果があるということも注目すべき点です。このような動きが種々の補助金事業にも広がっていくと良いのですが。

安田：そもそも補助金は何のためにあるのか？ それがメンテナンスとどう関連するのか？ ということは、環境経済学の観点から私もきちんと整理したいと思っています（次節参照）。

発電は製造業である！

西山：今回先生と議論させていただいて、ひとつ提案があるのですが…。

安田：はい。

西山：それは、「**発電は製造業である**」という考え方を定着させるということです。ご承知置きの通り、電力産業は、日本標準産業分類上、製造業とは別の扱いですし、「販売」される「電気」という商品にはPL法も適用されないと解されています。したがって、狭義の製

造業ではないことは確かです。

安田：まあそうですね。でも、英語でもgeneration（発電）のことをelectricity production（電力生産）と言ったりするので、やはり何かを作ることには間違いないかと…。

西山：その通りです。したがって、ここでは、より本質的な「製造業」というものを考えてみたいと思います。例えば、大辞林によれば、「製造業」とは「原料に手を加えて品物をつくり上げる産業」とされています。電気は有体物ではありませんので、電気を「品物」というには、少々無理があるかもしれませんし、イメージもわかないでしょう。しかし、「商品」であるということは疑いようがないことです。そして、同じ大辞林では、「品物」は、「物品。また、特に商品。」とされています。ですので、「品物」は「商品」と置き換えることができます。そうすれば、発電は、辞書上の製造業の定義に合致します。すなわち、発電業とは、1次エネルギー（火力発電であれば化石燃料、風力発電であれば風）という「原料に」、製造装置である発電機により「手を加えて」、電気という「商品（≒「品物」）をつくり上げる産業」となります。このように発電事業は、広義の製造業として捉えることができます。言葉上の解釈のみならず、発電事業の活動の本質的な部分も、製造業そのものです。しかも、一大装置産業です。

安田：なるほど、それは面白い発想ですね！

西山：前述の通り、製造業であれば、製造機械装置類のメンテナンスは当然の文化となります。特に装置産業では死活問題になります。私は、再生可能エネルギー発電事業者に、自らが、製造業であり、装置産業であるという認識が生まれれば、よりメンテナンスへの意識が高まるのではないかと考えています。発電が製造に等しいということを啓蒙していけば、もっと多くの人が、再エネでのメンテナンスを「確かに必要だよね」と受け取ってくれるかなと思いました。

発電事業 ≒ 製造業 → 品質保持活動が大事 → メンテナンスが命！

という流れです。

安田：確かに！ このマインドは大事ですよね。火力などの従来型発電プラントであれば、これが重要だということは当たり前になっていると思うのですが、特に風力など再生可能エネルギーの分野では、これまで全く発電ビジネスに経験がない方も多いようですし、発電規模が比較的小さいこともあって、メンテナンスの重要性が見落とされがちなのかもしれません。ぜひこのマインドは肝に銘じていて欲しいところですね。

再びリスクマネジメントについて

安田：ところで、リスクマネジメントに話を戻します。ビジネスマン・経営者向けのリスクマネジメントの本や記事は多いのですが、エンジニアがリスクマネジメントに関心を持つような傾向は非常に少ないような気がします。何が原因でしょうか？ どのようにすればよいでしょうか？

西山：私は、この点については、エンジニアに対して擁護的な観点と批判的な観点の2つを持っています。

安田：なるほど。

西山：まず擁護的な観点からいきますと、エンジニアにとってリスクマネジメントは、既に自らの論理体系に組み込まれており、今更特別視する必要がないものであるとする見方です。リスクマネジメントの体系化は、逆に捉えれば、これまでのエンジニアたちの努力の積み重ねが、その基礎をつくり上げていると言えると思います。先ほどまで議論の中心だったメンテナンスは、リスクマネジメント体系の活動の一つだと言うことは本書のテーマだと思います。メンテナンスに限らず、品質保持（QC）活動は全般的に、リスクマネジメントと本質的な部分でかなり共通しています。例え

ば、品質維持活動の現場で使われているQC7つ道具や新QC7つ道具などは、リスクマネジメントでも活用できるツールです。

安田：なるほど、そうですね…。先の議論でも少し触れましたが、生産管理はやはりリスクマネジメントの一部と考えてもよいわけですね。

西山：はい。ですので、「リスクマネジメントを知っていますか」と聞くと、「わからない」と答えるエンジニアは多いかもしれませんが、リスクマネジメントにおいて用いられる具体的な分析手法について質問すれば、多くの方が、詳しく説明できるのではないかと思っています。つまり、エンジニアにとって、リスクマネジメントとは、既に自らが責任を持つべき部門において、その本質的な部分は既存の業務として組み込まれているので、改めてリスクマネジメントとして定義し直す意義が薄い、そのためにリスクマネジメントに対して特別な意識を有さないのではないかということです。

安田：確かに、リスクマネジメントという言葉でなくても、生産管理や安全工学というかたちでエンジニアにはその考え方が浸透しているということですね。少し安心しました。

西山：一方、批判的な観点については、エンジニアは、自らの枠を超えた議論が行えているかという点です。日本のエンジニアは、自らの専門分野においては、非常に優秀ですし、責任感も強いと思います。しかし、自分の専門分野と他の分野にまたがるような、学際的、複合的な分野においては、その力が十分に発揮されているでしょうか。例えば、将来のエンジニアの卵である、工学系の大学生たちに、「風車へ落雷があった場合に発生する社会的な波及効果を工学的に考察せよ」という課題を出したら、おそらく、ほとんどの学生が立ち往生してしまうと思います。ところが、この質問を少しだけ限定的にし、「風車へ落雷があった場合に電気系統に生じうる問題点およびその影響を考察せよ」となれば、多くの学生が回答できると思います。前者のような範囲を限定しない質問のされ方では、自らが回答できる問題なのかどうかの判別が困難になり、本当は回答できる素地があるにもかかわらず、回答でき

第4章　経営戦略としてのメンテナンス（対談集）　　115

なくなってしまいます。

安田：それは面白いですね。

西山：また、この質問には、もう一つのポイントがあります。「波及効果」や「影響」の範囲をどこまで広げられるかという点です。直接的な送配電網への影響までは確実に考察できるでしょう。しかし、その先に存在する小売事業者や一般消費者という2次や3次のステークホルダーへの影響まで考えられる学生がどれほどいるかです。もちろん、発電事業者の株主や融資銀行などへの影響も可能性としてはあります。さまざまなステークホルダーに波及する可能性がありますので、ある意味、事故時のステークホルダー分析を行うようなものです。このような、枠を広げた考えが頭に浮かぶかどうかが、リスクマネジメントの鍵になります。

安田：つまり、想像力と倫理性の問題ですね…。これは私自身も工学研究者の端くれとして、3.11の原発事故以降、反省すべきところがあります。

西山：レスポンシブル・イノベーション、つまり社会的責任を伴った技術開発の重要性ですね。そして、現実問題として、日本の大学の工学系の教育において、そのような枠を広げた考察は求められていないということがあると思います。枠を広げることがテストの点につながらないのでは、学生は枠内の勉学に終始してしまいますよね。私も昔は工学を学ぶ学生でしたので自戒の念を込めてそう考えています。これを、経営学ではシングルループ学習といいます。リスクマネジメントには、より高次なダブルループ学習、つまり既存の枠を超えた考察こそが求められます。

安田：なるほど！

西山：実は、「リスクマネジメント」の定義が国際的に確立したのは、結構最近であり、ISO化されたのは2009年のことです[4.3]。これが、2010年に、日本にもJISとして取り入れられています[4.4]。この、新たに定義された「リスクマネジメント」は、従来の「危機対応・危険対策」的なリスクマネジメントから脱却し、大きく枠が広げられま

した。既にご紹介いただいた通り、ISO/JISにおいて、リスクとは「目的に対する不確かさの影響」とされており、好ましくない影響だけでなく、好ましい影響も含まれています。そして、リスクマネジメントとは「組織を指揮統制するための調整された活動」とされており、これには、組織全体の戦略や意思決定から個別部門の業務設計なども含まれます。つまり、現在のリスクマネジメントとは、リスクに直面する組織の経営判断そのものであり、もはや、一つの専門分野として取り扱われるべき概念ではなくなっているのです。ですので、従来の信頼性工学や安全性工学など、既にリスクマネジメントのエッセンスが深く入り込み、または、現在のリスクマネジメント体系に影響を与えたような学問体系でも、現在のリスクマネジメントの定義に照らし合わせ、再度、その位置づけと役割を見直す時期に来ているのではないかと考えます。

安田：うーむ…。奥が深いですね。ますます、エンジニアは狭い専門分野で満足している場合ではない、ということですね。

西山：もちろん、狭く深く掘り下げることは重要です。それと同じくらい、枠を広げて考え、その成果を自らの領域にフィードバックしていくことにも目を向けて欲しいと思っています。

リスクマネジメントの観点からのアドバイス

安田：最後に、これから再エネ発電ビジネスに参入しようとしている方々、投資をする方々にリスクマネジメントの観点から何かアドバイスをいただければと思います。

西山：メンテナンスに関して2点、リスクマネジメントに関して2点、計4点ほどコメントさせて下さい。

安田：はい。ぜひお願いします。

西山：まず、再エネ発電ビジネスは日本にとっては旧くて新しい産業で、今は、市場も未成熟であり、メンテナンスの可否を判断する上で困難も非常に多いと思います。が、それは、別の見方をすれば、周

第4章　経営戦略としてのメンテナンス（対談集）　　117

りに多くの教師がいるということも意味します。海上保険の事例や、海外の風力発電の事例など、他産業、他国の事例から、参考となる事例、ベストプラクティスを積極的に取り入れ、後発組の強みを発揮してもらいたいと思います。

安田：なるほど。風力発電の分野だけでも、世界的に見ると、欧州や北米に比べ日本の市場はやはり後発組なので、後発ならではの立ち位置をきちんと認識しないとですね。

西山：それから、このインタビューの冒頭のヨーロッパとの比較で、メンテナンスというオペレーション上のリスクを共有するとともに、相応の便益（＝対価）も関係者間でシェアすべきとコメントしました。これは、一見すると、収益を奪い合う lose-lose または win-lose の関係にあるようにみえます。確かに、収益一定の下ではそうなるかもしれません。しかし、実際は、メンテナンスを実施したときと実施しないときでは、発電設備の稼働率や設備利用率に差が出ます。メンテナンスを実施すれば、実施しないときよりも多くの発電収入が得られるのですから、適切なメンテナンスと便益の分配により、両者ともに利益を拡大させる win-win の関係を構築することができるはずです。最終的には、メンテナンス事業者と発電事業者がどれだけ信頼ある関係を構築できるかが鍵だと思います。

安田：特に、メンテナンスを外注しなければならない中小規模事業者にはこれは重要ですね。

西山：次に、リスクマネジメントを実施する上でのことです。過去に発生した事象に関するデータや、業界内で得られるデータは徹底的に活用していただきたいですし、それらのデータから、リスクの確率や影響度を割り出し、定量的な判断基準を構築するというのはリスクマネジメントの大前提です。しかし、データ分析だけを行っていても、リスクマネジメントは完成しないということも事実です。

安田：なるほど…。これはデータ分析を行っている大学の研究者（とい

うか私自身）が自戒しなければです（笑）。

西山：どういうことかと言いますと、データとは過去の蓄積ですが、過去に発生した事象というのは、決して、未来に発生する事象を限定してくれるものではありません。また、リスク分析を実施して、存在すると思われるリスクを列挙したとして、それはあくまで例示列挙に過ぎません。しかし、世の中に存在する、そしてこれから発生するリスクというのは非限定的です。未来には、これまで発生しなかった想定外の新たな問題がどんどん出てきます。直近の数年だけを見ても、これまでに想像もしてもいなかった問題が数多く発生しているということは、みなさんご存じの通りのことと思います。このような新しい問題の発生に対して、どのような「初動」をとれるのかが、その事業者のリスクへの対応能力を表し、そして、市民からの評価を左右します。「想定外だから対処できませんでした」という言葉は、一般市民にとって、言い訳にすらなりません。

安田：そうですね…。昨今の科学不信、専門家不信がここから発生しているような気がします。

西山：ご指摘の通りだと思います。そのような事象を想像すらもできない科学や専門家なら、一般市民にとっては、不要なものに見えてしまいます。だいたいの場合、「想定外事象」、「想定できないこと」とは、「想定したくないこと」に過ぎません。市民は、それを感じ取ります。なので、「想定していなかったことが起きた」は、もはや言い訳にならないと思ったほうが良いでしょう。リスク想定の枠は広げる必要があります。その上で、事前に対策をしておく範囲、対策しない範囲を、明確な判断基準をもって対外的に説明できるかたちで整理しておくことが重要です。グレーゾーンがあるなら、グレーゾーンであることを明確にすべきでしょう。隠蔽やごまかしをしてしまうと、その行動こそが、企業にとって最も大きなリスクになります。

安田：なるほど。

第4章　経営戦略としてのメンテナンス（対談集）　119

西山：過去、多くの名高い大企業が、事故後の不適切な対応や初動の遅れにより、消費者からの信頼を失ってきていますよね。問題発生時の初動は、その企業のリスク対応力、そして、経営の安定度を最も良く表します。物事を柔軟に捉え、発想の枠を広げ、過去のデータに表れてこない、あらゆる悲観的ケース、シビアケースの発生も考慮すること、さらには自分たちが対策しないとした範囲のリスクが発生したときに、初動をどうすべきかだけでも決めておくことが必要です。とはいえ、こういった準備はほどほどで済ませないと、いつまで経っても事業に乗り出せなくなり、みすみす好機を逃してしまいますので、あまり厳密に考えすぎるのも禁物です。

安田：なるほど。「ほどほど」も大事ですね（笑）。

西山：現実的に行きましょうってことですね（笑）。最低限だけ確保して、走りながら補強していくのも有効な手法です。

　　　最後に、リスクマネジメントとは、決して、事業を悲観的に導くものではないと言うことを強調しておきたいと思います。確かに、リスクマネジメントの分析プロセスでは、存在するリスクの洗い出しを行いますので、どうしても悲観的な方向に考えが傾いてしまいます。しかし、リスクマネジメントの本質はそこにはありません。最悪の事象を想定し、それに備えておけば、それ以上悪いことはそうそう発生しないので、逆に、ポジティブで積極的な経営ができるようになります。大事故が発生したものの、適切な対応をとったことにより世間の信頼を勝ち取り、逆に業績が伸びたという企業もあるくらいです。リスクマネジメントは、そのためのツールでもあるということを、ぜひ、ご理解いただきたいと思います。**「リスクマネジメントでポジティブな環境ビジネスを！」**

安田：最後にポジティブで未来指向な話でかっこうよくまとめていただき、ありがとうございます（笑）。興味深いお話をどうもありがとうございました。

インタビューを終えて

　風力発電や太陽光発電は世紀の変わり目頃から急成長した若い技術分野であるせいか、リスクマネジメント、すなわちリスクを分類して合理的なリスク対応を行う方法論が十分確立しきれていないのではないか、ということは西山氏も筆者も共通の認識です。再エネ発電ビジネスのリスクマネジメントを真に確立するためには、多くのステークホルダーが過去の事故事例も含めきちんと情報を共有して、知恵を出し合うことが重要です。それにはまず、既存・新規の事業者や関連するすべてのプレーヤーが「発電ビジネスのリスクマネジメントは大事」という共通のマインドを持つことから始まるのではないかと思います。

4.2 補助金はメンテナンス意識を育てるか？

　第1章では、FITとメンテナンスの関係について述べました。FITは補助金の一種ですが、確かに再エネ発電事業者にとって、補助金は重要な問題です。でも、そもそも補助金って何のためにあるのでしょうか？「補助金ビジネス」とか「補助金まみれ」という言葉もある通り、世間から必ずしもよいイメージで見られていない場合もあり、そもそも補助金のあるべき姿から乖離しているケースもあるようです。また、本書のキーワードでもあるメンテナンスとの関連で言えば、補助金はメンテナンス意識を育てるのか？ という根本的な問題もあります。

　そこで、京都大学大学院経済学研究科教授の諸富徹先生にお話を伺いました。諸富先生は、財政学や環境経済学をご専門とされ、これまでに『環境税の理論と実際』（有斐閣, 2000年）、『電力システム改革と再生可能エネルギー』（日本評論社, 2015年）などの著作があります（※本インタビューは2014年10月に行われました）。

そもそも再生可能エネルギーと補助金の関係は？

安田：そもそも補助金とはなんぞや？ というところから出発したいのですが、環境経済学の本を読むと、「補助金と税」はたいていセットで出てきますよね？

諸富：はい。環境経済学では補助金や税の問題は1920年代にまで遡るのですが、「外部不経済を内部化する」手段としてA.C.ピグーが税や補助金のシステムを考案しました。

安田：「外部不経済の内部化」と言うのは、簡単に言うと、誰かが物を作るときにコストをケチって汚染物質を垂れ流して安く市場で売った場合に、どうやってそのコストを回収して市場価格に反映し直

すか、ということですね？

諸富：はい。ある汚染物質を排出する場合は、汚染物質の排出に対して税をかけますが、環境に対して望ましい行為に対しては、補助金を出すのが望ましいことを、ピグーは経済学的に根拠づけたのです。

安田：なるほど…。例えばCO_2であれば炭素税と再生可能エネルギーへの補助金という対比ですね。

諸富：だいたいそうお考えいただいて結構です。ただ、ピグーが提唱した税制を実行するには、汚染の度合いや排出削減費用を正確に把握しなければなりませんが、それは困難なので、1970年代にボーモルとオーツという経済学者が新しい環境税を考案しました。

安田：ピグー税とボーモル・オーツ税の違いは何でしょうか？

諸富：ピグー税の場合は正確な計測が難しいため適切な税率を定めることができませんでしたが、ボーモル・オーツ税は先に目標水準を決め、試行錯誤によって、それを達成できるような高さで税率を決定します。これによって「削減目標の最少費用での達成」が可能となります。

安田：なるほど、ということは…、「達成水準によって税率も変わってくる」というところが重要ということですね…。とすると、補助金も同様の理論で考えてよいでしょうか？

諸富：そうですね。同様に、補助率も達成すべき目標水準との関係で決まってきます。補助金の導入後は、目標水準に達成水準が近づくにつれて補助金支出額は漸減していき、最後にはゼロになります。

安田：つまり、最後は独り立ちして補助金なしで、市場競争で頑張ってくれと…。

諸富：それは実はまたちょっと別の理論でして…。

幼稚産業保護論：最後は独り立ちして頑張ってくれ

諸富：公共経済学的な観点からみると補助金は、「財源としての税／補助金」と「政策誘導的な税／補助金」の2つに大きく分かれます。

第4章　経営戦略としてのメンテナンス（対談集）　　123

公共財や公共性のある私的財、例えば灯台とか教育・介護などは、民間ビジネスとして成り立たないために政府が供給しているので、仮に民営化しても、その財源として政府や地方自治体が民間に補助金を出すことになります。この場合、人命や人権に関わる問題ですので、補助金が将来なくなることはないでしょう。

安田：なるほど…。

諸富：一方、政策誘導的な補助金は、本来民間ビジネスで成り立ってよい領域で、いずれ成長していくことが望ましいけれどもまだ独り立ちできない分野を補助する目的で、幼稚産業保護論とも呼ばれます。

安田：「幼稚産業保護論」…って、なかなかギクリとする言葉ですけど、その通りですね、再エネは（笑）。

諸富：このような政策誘導的な補助金は、先ほど安田先生がおっしゃったように「最後は独り立ちして補助金なしで、市場競争で頑張ってくれ」ということになります。再生可能エネルギーへの補助金はボーモル・オーツ税的な側面と政策誘導的な側面の両方を兼ね備えていますね。

安田：なるほど。ようやく見えてきたような気がします。再エネに対する補助金は、そもそも永続的なものでなく「**漸減してゼロになる**」ことが大前提だったというわけですね。

補助金が失敗する理由

安田：ところで、「補助金ビジネス」とか「補助金まみれ」とか言う、どちらかというと補助金に対してネガティブな響きのする表現もあちこちで聞きますが、これらについて諸富先生はどう思われますか？

諸富：明らかに失敗している補助金も確かにあります。例えば先ほどの幼稚産業保護だったはずなのが、産業の既得権益になってしまっているケースとか…。

安田：本来漸減してゼロになるはずなのに、恒常的なものと思い込ん

じゃっているわけですね。

諸富：これは補助金をもらう側がそれに依存してしまっているというケースだけでなく、出す側にも問題がある場合もあります。担当者としては、あとちょっとサポートすればもう少しでなんとかなるだろうとか、善意で温情的に続けてしまうケースもあるようです。最後に打ち切りという大鉈をふるうのは誰だってなかなか勇気がいるものですし…。

安田：次から次へとさまざまな種類の補助金を食いつないでもらい続けるケースもあるようですね…。それぞれ異なる補助金で異なる要素技術を成長させるのであればよいですが、同じテーマで衣だけ変えてもらい続けるのであれば、永続型だと勘違いしているのと同じことですね。

諸富：はい。

安田：そもそも、なんでそういう構造になってしまうんでしょうか？　本質的な問題点とかはあるでしょうか？

諸富：パフォーマンスを問わないからだと思います。一般に補助金は設備投資などイニシャルコストに対して支払われるものが多いので、設備を作ってその数年後にどのように効果が上がって目標を達成したかどうかを正確に計測しようとするのは、実際に経済学的にはかなり難しいものがあります。

安田：いわゆる「ハコモノ行政」的な、立派なものを作ってもホンマに役に立ってるのか…というやつですね。

諸富：ハコモノ行政と指摘されているものは民間でなく地方自治体に関するケースですが、パフォーマンスが問われない、計測しづらい、という点では同じですね。国からの補助を受けている場合は、まさに補助金の失敗というケースに相当すると思います。

安田：風力発電の分野では、実際にそのような事例も複数報告されています…。残念なことですが。

第4章　経営戦略としてのメンテナンス（対談集）　　125

パフォーマンス型補助金とは？

安田：では逆に、「パフォーマンスを問う」補助金というのは存在するの
でしょうか？

諸富：例えばアメリカでは、生産税額控除(PTC)がそれにあたりますね。

安田：なるほど。風力業界では有名なアメリカのPTCですね。

諸富：これは発電電力量 (kWh) に応じて電力の販売に課せられる税が控
除されるので、マイナスの税、すなわち補助金と考えられます。
kWhは極めて正確に計測できるパフォーマンスの指標と言えます。

安田：なるほど…！ これは目からウロコです…。

諸富：あまり言われていませんが、「パフォーマンス型補助金」と呼んで
もよいかもしれませんね。

安田：「パフォーマンス型補助金」…、いい響きですね。特にいつもメン
テナンス大事！と言っている私にとっても非常にありがたい言葉
です（笑）。

諸富：PTCはO&M（運用・保守）に直接明示的に支払われるわけではあ
りませんが、やはりkWhという計測しやすいパフォーマンスに対
して支払われる補助金は、結果的にメンテナンスを軽視できない
というインセンティブに十分なると思います。

安田：なるほどなるほど！ 実はここが今回のインタビューでぜひお聞き
したかったところでした。

実はすごいFITの役割

諸富：もう一つ、PTC以外にも有名なパフォーマンス型補助金がありま
す。それは固定価格買取制度(FIT)です。

安田：な、なんと！？

諸富：FITは政府が支払う補助金ではないのであまりイメージがつかめ
ないかもしれませんが、広く最終消費者が支払う政策支援スキー
ムという点では補助金に分類されます。

安田：確かに…。

諸富：そしてFITは、そのパフォーマンスをkWhで計測した上で賦課金が発電事業者に支払われるので、まさに日本で初めての本格的パフォーマンス型補助金が誕生した、と言ってもいいと思います。

安田：これはすごい！ FITは賛否両論ありますが、あまりこういう観点で語られたことはないですね…。

諸富：FITのもう一つすごいところは、先ほどの幼稚産業保護論でも述べましたが、20年間額は一定なものの20年経ったらすっぱりゼロになって終わりが見えていることです。

安田：先ほどは、打ち切りという大鉈をふるうのは勇気がいる、というお話でしたが…、

諸富：FITはもらう前から打ち切りの期限を明言しています。これも従来の補助金ではなかなかありません。

安田：さらに、認定時期によって買取価格も漸減していきますね。

諸富：終わりがあるということは、事業者は本来、FIT後の競争市場でのビジネスを見越した上で事業計画を立てなければならないことになりますね。

安田：とするとやはり、ただ発電所を立てただけではダメで、当然20年あるいはそれ以上運転を継続するようにO&Mの戦略を考えなければいけなくなりますね。

諸富：その通りです。その意味で、日本初の本格的パフォーマンス型補助金が今後どのように実を結ぶのか楽しみですね。

安田：いや〜、本日は非常にためになるお話をお聞かせいただき、ありがとうございました。

インタビューを終えて

　インタビューを終えて、本来、再生可能エネルギーへの補助金は永続的でいつまでもそれに依存するものではなく、産業として独り立ちするまでの暫定的なものであることがより一層明らかになりました。

　また、「パフォーマンス型補助金」という考え方は、適切なメンテナン

スによる持続可能な発電に親和性があることもわかりました。FIT は発電電力量というはっきりしたパフォーマンス（成果）が問われるものであり、メンテナンスをしっかり行って発電し続ける者だけが得られる新しい補助金のかたちなのです。ぜひ多くの発電事業者の方に本来の補助金のあるべき原点に立ち戻っていただき、日本や地球の将来のためにどうしたらせっかく国民からいただいた FIT 賦課金（＝補助金）を有効に役立てることができるかを改めて考えていただければと思います。

4.3 風力発電産業を活性化するメンテナンスビジネス（その１）

　日本では風力発電の大手ディベロッパー（発電事業者）は自前のメンテナンス部隊を抱えていますが、一方で小規模事業者や自治体などはコストやマンパワーの観点から事故対応など含め高度なメンテナンス作業を全て自前で行うことは難しく、そのようなニーズに対応するために、サードパーティ的にさまざまな事業者やメーカーの風車を診るメンテナンス専門会社も存在します。

　その中でも大規模にメンテナンス専業技術員を擁する「大手」は事実上2社しかありません。本節及び次節では、日本の風車メンテナンスのパイオニア的存在であるこの2社にインタビューを行い、風車メンテナンスの苦労話や今後の風力産業への提言など貴重なお話を伺いました。まず本節では、イオスエンジニアリング＆サービス株式会社（本社・東京都港区）にお邪魔し、取締役業務部長の松田健氏、顧問の三保谷明氏にお話を伺って参りました（※本インタビューは2015年2月に行われました）。

メンテナンス専門会社の必要性

安田：本日はお忙しい中、お時間を取っていただきありがとうございます。さっそくご質問ですが、御社が風車メンテナンス専門会社を立ち上げた経緯などをお聞かせいただければと思います。

松田：当社は日本風力開発株式会社のメンテナンス部門として2001年に発足しましたが、2009年頃から他の事業者様の風車もお引き受けするようになりました。今では売り上げ的には外部のほうが多くなっています。

安田：他事業者の風車も引き受けるようになった理由は何でしょうか？

第4章　経営戦略としてのメンテナンス（対談集）　129

松田：グループ内で培ってきた技術力が向上し、機種の異なる風車でも
　　　お手伝いできるのではないかという自信がついてきたこと、メー
　　　カーに依存している事業者はおそらく高いメンテナンス費を負担
　　　されており、あるいはそのために必要なメンテナンスを省略して
　　　いる可能性もあるので、当社が合理的な価格でサービス提供でき
　　　れば意味があると考えた次第です。

安田：なるほど、それは重要な視点ですね。

欧州の風力発電産業とメンテナンス

安田：ところで、さまざまな事業者やメーカーの風車を扱うのは、大変
　　　ではないのでしょうか？

三保谷：風車メーカーはアセンブリ会社（最終組み立て会社）ですので、
　　　メーカーが違っていてもパーツは案外共通だったりして、設計も
　　　すべてバラバラというわけではありません。業界の暗黙の了解で
　　　「こういう設計はさすがにやらないよね」というところもあります。

松田：一方、制御システムは風車メーカーがそれぞれ独自性を発揮する
　　　部分で、ブラックボックスのところがあります。メーカーは事業
　　　者にはある程度技術情報を開示して通常の点検業務程度であれば
　　　事業者にやってもらうようにしますが、メンテナンス会社には情
　　　報を開示してくれませんので、そこが難しいところです。

安田：なるほど、データ開示の壁は難しい問題ですね…。

三保谷：欧州の風車メーカーは製造とメンテナンスの両方で収益を上げ
　　　るビジネスモデルを展開しているところが多いです。例えばドイ
　　　ツのある風車メーカーは風車製造だけでなくメンテナンスやサー
　　　ビスも内製化しているので、体制がきちんと出来上がっており、
　　　サードパーティが入り込む余地がない、というところもあります。

松田：そこまで特殊ではなくとも、たいていのメーカーはメンテナンス
　　　の研修を受けないとデータを開示してくれない場合が多いです。
　　　研修トレーニングを受けるだけでも何千万円もかかるケースもあ

ります。

安田：確かに、メンテナンスを専門にやろうとしたら研修を受けなければならないというのは良い制度ですが、それにしても高いですね（笑）。

三保谷：一方、デンマークでは、サードパーティへの技術情報提供を風車メーカーに義務付ける政策があります。国策として、風力産業を育てるには、国内メーカーを育成するだけでなく、その周辺で飯を食える人も育てなければ、という戦略です。ですので、デンマークではサードパーティのサービスカーが巡回していて、風車に異音があったりする場合は、どの事業者でもどのメーカーでも対応して直してくれます。

安田：あ、その光景は私も現地で見たことがあります。

三保谷：デンマークでは、風力発電は「産業政策」に基づく産業です。中国も産業政策として風力発電を推進して、あっという間に世界一の座に成長しました。地域で間違いなくメンテナンス産業を拡大させますので、この産業政策という視点は重要です。日本では風力発電をエネルギー政策や環境政策としてしか捉えていないようで、この視点が日本に欠落しているかもしれません。

安田：なるほど…、波及効果や雇用まで見据えた産業政策が大事ということですね。

日本の風車メンテナンス体制

安田：産業としてのメンテナンスという観点は奥が深いですね。日本全体で見た場合、風車のメンテナンス体制はどのような状況でしょうか？

松田：まず、人が全く足りていません。また、技術やノウハウも十分浸透していません。

三保谷：現在、日本全体で風車のメンテナンスを専業としている人員は約400人くらいではないでしょうか。当社はそのうち100名を抱えて

います。現在、日本に建っている風車は約2,000本で、将来は10,000本になると言われています。メンテナンス費用は風車1本あたり年間数百〜1千万円がかかります。このように大きなマーケットとして存在するのに、人材が足りていません。当社と北拓さん（筆者注：株式会社北拓は国内の大手メンテナンス会社2社のうちのもう1社で、次節で登場）だけでは全く足りません。

安田：なるほど…。これは産業構造としてなかなか深刻な問題ですね。全く潜在力がないというわけではないと思うのですが…。

三保谷：現在、太陽光発電のメンテナンスをしている人たちも、将来は風車を手がけてみたい、という人は多いのではないかと思います。

安田：業界全体としては、どのような人材をお望みでしょうか？

三保谷：取り扱っているものが高電圧で回転機器なので、技術レベルの高い人材を望みたいのは確かです。どのようにしてより安全性を求めるのかが重要です。ヒヤリハットの洗い出しなど安全に対する社員教育も必要です。

安田：そのような人材育成や教育は、産業界や教育分野全体でどのようにすればよいでしょうか？

三保谷：そうですね…。地域との関連が重要だと思います。風車が建っている地元から、「メンテナンスは地域でやれるんじゃないか？」、「地域から人材は出せないか？」という声も多くいただいていますので、うまいルートを作ることができれば、よい方向に進むのではないかと思います。

安田：ドイツやデンマークでは風車専門の職業訓練学校もありますよね。

三保谷：日本では、新しい学校を作るというよりは、新しいカリキュラムを作って既存の教育プログラムに載せてもらうのが一番よいかと思います。経済産業省などが風車メンテナンスのスキルを標準化して、それを取得するためのカリキュラムを組むことができればいいですね。教育はやはり人材育成のために大事です。

安田：電験（電気主任技術者試験）みたいな感じですね。

松田：当社では青森にトレーニングセンターを開設しており、地元の産

業育成や雇用という点で県からも支援いただいています。県の委託事業も行っており、一般の方も研修に参加いただくこともありますが、反応は非常によいと思います。この研修を機会に地元企業が風車メンテナンスに参入する場合もありますし、研修を受けた方が当社に入社するケースもあります。

三保谷：先ほどお話しした技術情報をどのように取り扱っていくかが、トレーニングの際にも重要になります。例えば、受講者にどこまで認証を与えるのか、などですが、当社は主にGEの風車を扱っていましたので、GE風車に関する基礎的な認証であれば修了者にはそれを与えることができます。

松田：実際の作業は大変ですが、仕事としては面白いし、奥深さがあって達成感があると思います。

安田：なるほど…。工業高校や高専などに、もっともっとアピールすることが必要ですね。この分野の裾野を広げるためにも、学会などアカデミックサイドももっと協力しなければ…とお話を聞いて思うようになりました。

図4.1　トレーニングセンターの訓練設備および研修の様子(イオスエンジニアリング＆サービス提供)

風力発電事業者のメンテナンス意識

安田：サードパーティのメンテナンス会社から見た場合、日本の風力発電事業者はどのように映りますか？

第4章　経営戦略としてのメンテナンス（対談集）　133

松田：残念ながら日本の事業者は、メンテナンスに対する評価があまり高くないような気がします。現在FIT（固定価格買取制度）があるため、経営的にも少し余裕が出て、よい方向には向かっているとは思いますが…。

三保谷：確かにFITのおかげでメンテナンスに振り向ける金額が大きくなる傾向にあると思います。経営に余裕があれば大規模修繕計画も立てやすく、社会問題に発展するようなトラブルを事前点検で防ぐこともできるようになると思います。

安田：「大規模修繕」って、マンションと同じですね（笑）。マンションの修繕費を積み立てても当初見積もりより予算オーバーしてしまって…、とか。

三保谷：その通りです。メーカーの保証期間内と期間外ではメンテナンスコストが全く異なります。定常的なO&M契約はそれほど高くないですが、トラブルシューティングは都度対応になり、修理費や人件費に計画性が持てません。これを最初からきちんと見込めるかどうかが問題です。

松田：事業者の中には「壊れたら修理すればいい、そのほうが安く済む」と思っている方も多いですが、このあたりは事業者側のメンテナンスに対する評価をもっと上げていただければ…と思います。結局、予防保全を実施することが全体としてコストをセーブすることができるという認識を浸透させる必要があると思います。

三保谷：メンテナンスの効果は評価がそう簡単に実感できないので、確かに難しいところがあります。メンテナンスはそれを行った年度ではなく、その後の年度に効果が出てきます。あくまで予測でしかないので、踏み切れないところが多いようです。しかし、経験的にわかっている事業者であれば、予想は可能です。

松田：メンテナンスの予算は毎年同じで前年度並みに組んであるので、事故があっても予算がないから対応できないというケースもあります。予算執行に柔軟性がないのですね。

安田：当該年度の予算制約というのは、実に日本的な問題ですね。

三保谷：ある年に大規模修繕をしないといけないのに、予算がない…。リスクの大きさを正しく認識していればよいのですが、そのときは修理しなくてもなんとかなるんじゃないか、と思ってしまうのかもしれません。そもそも事業計画時に大規模修繕という発想がない事業者もいます。

松田：ギアボックスの交換は数千万円かかりますが、壊れる前に計画的に検査、補修するほうが（事故を起こすより）コストは安いです。大規模修繕も融資があればできるのですが、メンテナンスだけに融資をする制度や習慣がなく、なかなか全体としてまとまりません。

三保谷：一度故障や事故を起こすと、稼働率低下で逸失利益が発生し、修理費用で部品代と人件費がかかり、「倍返し」でコストがかかります。過去の事故事例を見ると、適切なメンテナンスをしてさえいれば相当のトラブルが防げた可能性があります。

松田：普通に定期メンテナンスをやっていれば防げた、というケースもありますね。

安田：そのようなトラブルは、結局のところ、技術的問題でしょうか？それとも経営陣のメンテナンス軽視の風潮からでしょうか？

三保谷：後者だと思います。日本の風力発電事業の構造的問題です。投資目的で開発を行うオーナーの中には、風車をちゃんと回す意識がないところもあります。また自治体などでは発電事業がビジネスだという意識がないところも残念ながらあります。

安田：聞けば聞くほど、深刻な問題ですね…。

図4.2 専用ゴンドラによる風車ブレード補修の様子（イオスエンジニアリング＆サービス提供）

第4章 経営戦略としてのメンテナンス（対談集） | 135

日本の風車メンテナンスはどうあるべきか？

安田：「日本の構造的問題」とおっしゃいましたが、先行する欧州ではいかがでしょうか？

三保谷：欧州ではゾーニングがある程度しっかりしているので、ディベロッパーが入って権利関係者をまとめるにしても、オーナーは地元の方だったりして、ディベロッパーはコンサルに徹することができます。このあたりは欧州各国の政策や金融制度がしっかりしており、メンテナンスも含め事業構造がきちんと出来上がっています。このあたりが日本と全く違います。

安田：なるほど、単に意識とか風潮の問題ではなく、政策や制度の問題でもあるのですね…。

三保谷：地元に建つ風車に地元の人もしっかり関わるので、騒音や景観などのトラブルも少なくなります。またその地域にどのディベロッパーを受け入れるか入札もあるのでコストダウンができ、補助金がなくてもできるスキームが確立しています。

安田：羨ましい環境ですが、それは彼ら自身が長年苦労して積み上げてきたものなのですね。

三保谷：はい。このように見ると、FITの意味も全然違って見えます。FITは地元の利益還元を確保するためにあるとも言えます。FITのおかげでメンテナンスが地域の産業として確立するのです。

安田：なるほど…。日本では、FITで発電事業者が不当に儲けているという誤解が根強いですよね。

三保谷：一方、日本では、ディベロッパーが自らマネジメントして資金調達能力がないとやっていけません。日本でもできるだけ地元の資本を入れる努力をしているところもありますが、欧州とは比率が違います。そして、資金調達以外、特にメンテナンスの部分は、結構人任せになってしまう傾向があります。

安田：これから日本の風車メンテナンス産業はどうあるべきでしょうか？

松田：まず、今まで起こった風車の大きな事故に対して、なぜこのよう

なことが起こったのかをみんなでよく考える必要があります。かなりの部分がメンテナンスに起因していると思います。

三保谷：この点は、日本風力発電協会 (JWPA) も問題視しており、議論を詰めているところです。ルール作りや検証には少し時間がかかりますが、2015年度下期には何らかのアクションがあるのではないかと思います[注4.1]。事故防止や稼働率の向上など、一連の事故を教訓に産業界全体で対処していかなければなりません。

安田：これからの課題をお教え下さい。

松田：風車の整備士制度などを確立することだと思います。

三保谷：当社内部での取り組みとしても、7段階の社員技能評価を設け、技術者としての意識を高めています。

松田：ステータスのある仕事だと認識していただき、外部から憧れをもって見られるような職業になればと思います。メーカーの下請けだという意識や評価だと、単価も低くなりがちですし技能向上の意識も上がりません。

三保谷：「予防保全」の提案をもっとしていかないとですね。

松田：もちろんそれには技術力を上げなければなりません。当社でもギアボックス、ブレード、非破壊検査、振動解析など専門チームを作って技術を深化させていく試みを行っています。また、欧州先進国も含む同業他社との技術協力も不可欠です。

安田：なるほど、それこそがメンテナンス専門会社の意義ですね。本日は貴重なお話をありがとうございました。

||||||||||||||||||||||||||||||||||||||||||||||||||||||||||||||||||||||||||||||||||||||||||||||

注4.1：その後、2015年7月に開催された経済産業省「新エネルギー発電設備事故対応・構造強度ワーキンググループ」（事故WG）において、JWPAの取り組みが公表されました。この点については、本書3.4節および参考文献 (3.26) をご覧下さい。

||||||||||||||||||||||||||||||||||||||||||||||||||||||||||||||||||||||||||||||||||||||||||||||

第4章　経営戦略としてのメンテナンス（対談集）

4.4　風力発電産業を活性化するメンテナンスビジネス（その２）

　前節に引き続き、風力発電のメンテナンスの重要性を考えるために、メンテナンス専門会社へのインタビューを続けます。本節では、風車メンテナンス専門会社である株式会社北拓の取締役副社長・吉田悟氏にお話を伺います（※本インタビューは2015年3月に行われました）。

サードパーティとしてのメンテナンス専門会社

安田：本日はお忙しい中、ありがとうございました。まず、吉田様ご自身は日本の風力産業の黎明期から風車に携わっていたと伺っておりますが、その経緯など簡単にお聞かせいただけませんでしょうか。

吉田：私自身はもともと1991年くらいから当時のMicon社（現Vestas）の風車の輸入などを手がけていたのですが、94年に縁あって北海道でクリーニング業を継ぐことになりました。ところがクリーニングは油圧ポンプや回転物、電気制御など意外に風車と関わるところがあるため、会社の一部門として北海道内の風車メンテナンスのお手伝いすることになりました。今ではクリーニング部門を分社化し、風車メンテナンス専門会社として北海道だけでなく日本全国の風車の面倒を見させていただいております。

安田：独立系メンテナンス専門会社として会社を立ち上げた難しさなどはありますでしょうか？

吉田：特定のメーカー、例えば私が携わっていた当時のMiconだけをメンテナンスする場合だと、北海道で数台、青森でも数十台と数が少なく、風車に触りたくても触れないという難しさがありました。メンテナンスは数を経験してノウハウを積まなければなりません。したがって下請け的なメンテナンスではだめで、メンテナンス専業

として点ではなく面展開をしなければならないと考えたわけです。

安田：風車に触りたくても触れない…ですか。

吉田：はい。メーカーとしては、その会社のオフィシャルなトレーニングを受けているかどうかで、開示する情報や修理できる機器の範囲が異なります。当初は、経験を積むために「ただでもいいから修理します」と言っても、たいていの事業者からは「ノー」と言われてしまいました。

安田：なるほど、大変ですね…。

吉田：そこで海外のサードパーティのメンテナンス専門会社や部品サプライヤーなど十数社と提携したり、デンマークのブレードメーカーであるLMブレード社の正式トレーニングを受けたりしました。そうすることで、サードパーティでも風車修理の際のアクセスレベルが上がり、さまざまなメーカーの風車のさまざまな部分をメンテナンスできるようになりました。

安田：海外メーカーのトレーニングを受けているか、というのが重要なポイントなのですね。

吉田：はい。トレーニングの講習料は一人あたり500万円くらいかかる場合もあります。複数メーカーのトレーニングを受けるとなると、技術者として一人前になるまでに1千万円以上になります。会社としてはかなりの先行投資です。

安田：会社としては大変ですね…。

吉田：トレーニングの修了証明書や資格は会社でなく技術者個人に帰属しますので、会社としては技術者の定着率を高くすることを心がけています。当社は北海道内からの採用が80%くらいですが、社会受容性が高く電気のインフラを預かっているということもあり、単純な風車の作業員でなくメンテナンス技術者として、みな志が高いと思います。

安田：個々の技術者の意識が高いのは重要ですね。

吉田：あと、技術者本人も大事ですが、一番大切なのはそのご家族です。長期出張も多い仕事なので、その間のご家族のケアやフォローが

第4章　経営戦略としてのメンテナンス（対談集）　139

大事です。それが私の一番の仕事かもしれません。

欧州の風車メンテナンスの戦略

安田：ところで、欧州ではサードパーティ的なメンテナンス専門会社も
　　　たくさんあるとお聞きしていますが…。

吉田：欧州のサードパーティのメンテナンス会社は、1990年当時はデン
　　　マーク国内だけで70～80社、欧州全体で数百社あり、地元のメン
　　　テナンス会社同士で助け合いをしていました。

安田：面白い光景ですね。どうしてデンマークではそのような環境を作
　　　ることができたのでしょうか。

吉田：デンマークの偉かったところは、特許などで技術の囲い込みをせ
　　　ず情報を開示して、エネルギー政策としてスピード感をとったと
　　　ころです。ですので、近隣諸国もまねをして風車が大形化しまし
　　　た。デンマークでは小さい風車メーカーがどんどん買収されてい
　　　きますが、そのOB技術者が独立してサードパーティのメンテナン
　　　ス会社を興したりします。そのような会社がそれぞれ緩やかなア
　　　ライアンスを持って連携しているので、協力体制が作られている
　　　ようです。

安田：なるほど…、国の政策にも関連するのですね。

吉田：はい。逆にドイツは、風力発電を産業政策として考えたのではな
　　　いかと思います。風車には専用品はあまり使わず、汎用品を使っ
　　　てアセンブルをするので、風車メーカーは実はソフトメーカーで
　　　す。コントローラの制御や膨大な運転実績データこそが彼らのノ
　　　ウハウで、その情報は簡単には外部には提供しません。

安田：確かに。

吉田：例えば、1997年に当時のEnron（現GE Wind Energy）がドイツの
　　　Tackeを買収したのも、このノウハウを買いたかったからだと思
　　　います。特に、トラブルや故障などの「負の遺産」こそが重要な
　　　経験とノウハウなのです。

安田：負の遺産を買うという発想はなかなか深謀遠慮な戦略ですね…。メンテナンスの文化がその国の政策や規制にも密接に関連するというのは面白いです。

吉田：ほかにも、例えばブレードを修理する場合のロープアクセスに関しては、日本は規制や資格があまり十分ではありませんので、当社はIRAT（国際産業ロープアクセス協会）で資格をとるようにしています。

安田：なるほど、日本はまだそこまで規制や資格が追いついていないわけですね。

吉田：欧州はやはり、認可や免許といったレギュレーション（規制）の戦略がうまいですね。

産業としての風車メンテナンス

安田：ところで、日本では風車のメンテナンス技術者が足りないという話もよくお聞きしますが、その点はどのようにお考えでしょうか？

吉田：全くその通りだと思います。例えば大形風車の点検作業や管理、スポット修理を想定した場合、技術者一人で風車3本を担当するのが限界です。現在、日本に風車は約2000本あるので、700人程度は必要です。しかし、風車のメンテナンスを専門としている技術者は350人くらいしかいません。残りの350人分は、電力会社の関連会社や地元の電設会社などで他の電力設備を専門としている方に、簡単な作業だけスポットでお手伝いいただいている、という状況です。

安田：なるほど…、圧倒的に足りませんね…。

吉田：はい。当社とイオスさん（イオスエンジニアリング＆サービス株式会社）だけでは足りません。ぜひほかにもメンテナンス専門会社が出てきて欲しいところです。

安田：イオスエンジニアリング＆サービスの方にもインタビューさせていただきましたが、全く同じことをおっしゃっていました。

吉田：日本ではまだまだメンテナンス専門会社は出にくい環境にありますが、メンテナンス専業の会社はなくてはいけません。技術者を最低限のスキルを持つまで育てなければなりませんし、専門のトレーニングの場をつくらなければなりません。そのためには、ある程度の仕事量を受注しなければなりません。

安田：業界全体としての先行きの見通しはいかがですか？

吉田：2016年には風車の本数も爆発的に増えると見込まれています。今、メンテナンス技術者が足りていないのに、今後どうするかが一番の問題です。

安田：確かに短期的にみると、2016年以降環境アセスメントが終了した風車が次々と立ち始めるので、風車の建設ラッシュが続くと予想されますね。その後はいかがでしょうか？

吉田：日本の場合、導入目標が低く抑えられているため、先行きが見えていないのは事実です。モノが売れなければ人を育てても意味がありません。しかし、人を育てなければいざモノが売れた時に困ります。日本全体でこれから人をどう育てていくのかが一番の問題です。工場であれば1年で建ちますが、人は1年では育ちません。

安田：なるほど…、この問題は非常に深刻で重要な問題ですね。

風車メンテナンスに必要な心得

安田：先ほど、風車メンテナンスは専業でなければならないとおっしゃいましたが、具体的にはどのようなスキルや心得が必要でしょうか？

吉田：例えば日常的な定期点検ひとつとっても、他の電気設備とは全く違う世界です。一見、作業としては簡単に見えますが、例えばひとつの風車で使うグリスは8種類くらい異なるものを用意しなければなりません。それぞれの部品はサプライヤーが違うので、間違った部品に間違ったグリスを使うと性能保証されなくなる場合があります。

安田：グリス不良が遠因で事故を起こした例も確かありましたね。

吉田：その通りです、単純な作業であるからこそ、確実にやらないとボディーブローのように効いてきます。単純作業こそ、専門の熟練者がきちんとやらなければなりません。

安田：なるほど…、単純な作業だから誰がやっても同じ、とつい考えてしまいがちですが、その考えは甘いのですね。

吉田：また、作業者も人間なので、ミスが絶対ないとは言えません。確認作業をどのように確実に行うかも問題になります。当社は、会社が全部責任持つからウソは言うな、という教育をしています。つまり、当たり前の作業をどれだけできるか、反復作業をいかに正確にするか、が一番重要なのです。海外でも風車が壊れるのは結局同じ問題です。

安田：奥が深いですね。

吉田：トラブルシューティングも、もちろん熟練者の重要な役目です。ワーニングの種類は海外風車の場合1000種類くらいある場合もあります。ワーニングの種類の多さは、そのまま海外メーカーの経験の積み重ねを意味します。サイトによって癖が出ますし、似たようなエラーから原因を即座に類推するのも経験が必要です。

安田：メンテナンスというと定期点検ばかりで、トラブルシューティングはあまりイメージされにくいですが、やはりトラブルシューティングに対応できる熟練者こそが必要ですね。

風車の稼働率向上に必要なもの

吉田：風車の稼働率を上げる要因は全部で4つあります。

安田：稼働率は重要ですね。具体的にはどのようなものが挙げられるでしょうか？

吉田：それは、

    1. メンテナンス技術者のスキル

    2. 適切な量のバックストック

    3. 大型ユニット（ブレード、増速機、変圧器）の複数の調達ルート

4. メンテナンス技術者の量

です。

安田：なるほど、稼働率向上のためにはシステマティックに対策を立てなければいけないわけですね。我々の統計分析や調査でも、一見あまり大きな事故でもないにも関わらず半年以上の長期に亘って停止せざるを得なかったケースもしばしば見られます。これは2や3が不足していたケースにあたりますね。

吉田：そうだと思います。

安田：そもそも、稼働率向上や事故防止のために、風力事業者側はどう対応されているのでしょうか…。

吉田：大手事業者は自身のメンテナンス部隊を持っていますので、試行錯誤しながら頑張ってきていると思います。小規模事業者や地方自治体の場合は、担当者が短期間で変わる場合があり、ひとつの風車を20年間ずっと見ている人は誰もおらず、残念ながら経験則が継承されていないところも多いです。みなさん「なんとかしたい」と思われているようですが、具体的なアクションにまでは至っていないようです。

安田：事業者の中でもメンテナンスに対する温度差があるようですね。

吉田：風車は発電事業です。発電事業をやるからには「覚悟をして下さい」とお伝えしています。発電事業は真剣にやらなければならないのに、保険に甘えてきたというところも残念ながらあります。

安田：保険のモラルハザードですね。

吉田：はい。度重なる事故で保険料が10倍に上がって保険を断念したり、これ以上保険の引き受け手がいない無保険風車も残念ながら存在します。

安田：うーん、事態は深刻ですね…。

吉田：もちろん、日本の地方自治体の中でもすごく頑張っているところもありますし、欧州でも風車が金融商品として見なされて事業者の意識が低かったときもありました。やはり風車オーナーや事業者のメンテナンスに対する意識の高さと、決断や行動のスピード

が重要だと思います。私自身は常々、

お金　＜　スピード　＜　安全

だとお伝えしています。その順番を間違えると問題が発生します。

安田：確かに。過去の事故例を見ると、この順番を間違えたがゆえに起きてしまった事故は多いですね。

健全な風力発電の発展のために

安田：稼働率向上の要因を挙げていただきましたが、実際に日本全体で風車の稼働率を向上させるためには今後どのような取り組みをすべきでしょうか？

吉田：まず、日本全体でトレーニングセンターがもっと必要です。当社も自社で風力発電所を所有していますが、これは売電が主目的ではなく、技術者育成のための訓練設備やメンテナンス技術の実証設備という位置づけです。わざわざ訓練や実験のために風車を貸してくれる人はあまりいませんので、いちいち許可を取らなくても自由に触れるのが自社設備のよいところです。

安田：なるほど、まさに人材育成が大事ですね。

吉田：はい。今後は例えば、風車を訓練用や実験用として提供していただく地方自治体が出てくるとよいと思います。また、大手事業者であれば、20本のうち1本くらいは地元産業育成のためのトレーニング用として使わせていただく、などですね。実際にデンマークでは、投資資金の一部を地元に還元しなければならないことになっています。

安田：それはよい発想ですね。地域の産業振興や受容性にもつながると思います。

吉田：また、日本全体を網羅できる部品の集約センターがあるとよいと思います。当社でも旭川と北九州に拠点がありますが、2ヶ所だけ

では足りません。また、さまざまな事業者やメンテナンス会社が共通で使えるようなしくみづくりが必要です。部品集約センターも単なる倉庫ではなく、温度・湿度補正も必要ですし、ホイストクレーンなどの特殊重機の保管も必要です。中古品のリビルドのスキームも国内で整備しなければなりません。

安田：まさにロジスティクス戦略ですね。

吉田：部品倉庫併設のトレーニングセンターで人材の育成に取り組む必要があります。最終的には、風車メンテナンスの技術者を育てる学校を作ってみたいですね。

安田：日本ではまだまだ課題が山積していますが、最後に未来に向かって夢のあるお話で締めていただきありがとうございます。本日は、いろいろと貴重なお話をありがとうございました。

インタビューを終えて

　前節、本節と2回に亘って、国内の風車メンテナンス専門会社であるイオスエンジニアリング＆サービスと北拓の方々にインタビューをさせていただき、貴重なご経験や取り組みについてお話を伺いました。2社に共通するのは、メンテナンスを行うのは結局「人」であること、事故防止やトラブル対応を現場の「人」任せにしたり丸投げしたりせずに、組織としてどう「人」をサポートして育てるかということ、さらには国や産業界全体でそのような「人々」をどのように育てノウハウを培っていくか、システマティックな「しくみづくり」を構築するか、にあると思います。そのような地道で着実な努力が、健全な産業の発展につながるのだと筆者も確信しました。

　再生可能エネルギーというとどうしても新規建設（kWの話）のみに関心が集まりがちですが、発電所を立てたあといかに地道に発電を続けるか（kWhの話）のほうが、実はより重要です。やはり、一にも二にもメンテナンスが大事、です。

146

4.5 消費者に選ばれる電源となるために ～経営戦略としてのメンテナンス～

　これまでの章で、「事故の多くは技術的な問題ではなく、メンテナンスや事故防止に対する認識不足・過小評価など、経営判断の甘さに起因します」と述べてきましたが、本節ではこのことをもう少し深く掘り下げるために、この分野の専門家にお話を伺いました。

　公益財団法人 NIRA 総合研究開発機構 (NIRA 総研) の西山裕也氏には4.1節でも登場いただきましたが、ここではメンテナンスとマネジメント（経営）の関係について再びお話を伺います（※本インタビューは2015年8月に行われました）。

環境規制はイノベーションを促進する

安田：まず経営戦略とメンテナンスの話に入る前に、規制とイノベーションについてお聞きしたいと思います。私も風車関係の規制をまとめ、**ポーター仮説**「環境規制はイノベーションを阻害するのでなくむしろ促進する」を紹介していますが（3.4節参照）、西山さんから見てこの説はいかがでしょうか？

西山：その通りだと思います。ただ、ポーターの主旨とは異なるかもしれませんが、私は、「規制」が「強化」されるだけではなく、規制を含む「制約条件」が「変化」すればイノベーションが生まれる土壌は形成されると考えています。規制が「緩和」されたり、規制される対象が変化しても同様にイノベーションが起こるきっかけとなります。

安田：ほほう。

西山：それは、変化へ対応した技術ニーズが生まれるからです。ここでポーター仮説の主な論点は、環境規制の強化はコスト増加要因に

第4章　経営戦略としてのメンテナンス（対談集）　　147

もかかわらず、誘発されたイノベーションにより、その国の産業は国際的なマーケットでの優位性を持つことができるのか？　ということです。

安田：なるほど。重要なのは、マーケットとしての国際的な優位性をもてるか、ですね。

西山：国際的優位性という点に関しては、私は、4つの条件があると考えています。

安田：ふむふむ。

西山：1つ目は「効率化」です。誘発されたイノベーションにより生産力が上がると競争力が上がるわけです。これは本来、規制の有無とは関係なく発生すべきイノベーションのように見えますが、規制の変化がきっかけになることも多いのです。規制の強化は、これまで通常使ってきた技術を別角度から見直すことを企業に余儀なくさせます。これにより、限界まで効率化を突き詰めたと思い込んでいた技術に新たな効率化の可能性が生まれます。これは一般に「強いポーター仮説」とも言われています。

安田：えーと（パソコンを見ながら）、強いポーター仮説とは、「適切に設計された環境規制は、企業の視野を広げ、それまで気づかなかった技術革新の機会を追及するようになることで、規制に対応するためのコストを上回る便益をもたらすイノベーションを誘発する」[45]というものですね。

西山：はい。この典型例は、オイルショック後の日本の高効率技術ではないでしょうか。この場合、「規制」よりも前述の通り「制約条件」としたほうがより正確です。資源の少ない日本では、石油価格の高騰により、エネルギー利用の制約条件が強まり、効率化のための技術を研ぎ澄まさざるをえませんでした。そして、その結果、後に高い競争力を得る効率的な機械やシステムを作り上げました。

安田：まさにその通りですね。

西山：しかし、私は強いポーター仮説は効率化だけではないと思っています。それが2つ目の「新利用」という観点です。例えば、ある

「もの」に対して排出規制が強まった場合、企業がとりうる対応は
　　　大きく2つ、その「もの」が出ないように生産プロセスを変える
　　　か、あるいは、その「もの」の「新たな利用方法」を考え排出抑
　　　制以外の方策をとるかです。

安田：なるほど。

西山：ここで、前者は「効率化」のきっかけを与えるものですが、後者
　　　の「新利用」は「効率性」以外の新たな「便益」を生む可能性が
　　　あります。

安田：具体的にはどのような例があるでしょうか？

西山：具体的には、ゴミ問題への対応があります。かつてはゴミ焼却に
　　　は、ダイオキシンという問題がありました。これは焼却プロセス
　　　のイノベーションにより解決されました。次に、温暖化対策とい
　　　う問題が生じたときには、今まで捨てていたゴミ焼却熱を新たに
　　　利用するイノベーション、廃棄物発電という新しい発電方式が開
　　　発されました。環境問題がゴミ焼却に新たな収入源を生み出した
　　　わけです。

安田：確かにイノベーションですね。そうすると、効率化によるコスト
　　　削減や新利用による新たな収入源がポーター仮説の「便益」にあ
　　　たるということですね。

西山：その通りです。しかし、このような直接的な便益が生産者側に生
　　　まれなくても競争力を持つ場合があります。

安田：それはどういった場合でしょう？

規制と国際戦略

西山：2つのケースが考えられます。1つは、他国が同等の規制で追随して
　　　くることが想定される場合です。異なる規制体系をもつ国同士で
　　　も長期的には規制内容が近づいてくることが指摘されています[4.6]。
　　　この前提に立てば、規制が先行する国の企業は、先行者優位性を
　　　享受できます。

第4章　経営戦略としてのメンテナンス（対談集）　149

安田：ふむ。もう少し具体的に言うと？

西山：例えば後発途上国では、経済発展を優先させるために環境規制は後回しにされますよね。それが、コスト競争力を生む要素の一つにもなるのですが、時が経ち国民が豊かになってくると、公害問題解決の優先度が上がり、環境規制が強化されるようになります。人間は豊かになるほどより健康的な生活を求めますので、時とともに厳しい環境規制を適用する国が増えていくのが自然です。その流れは、先進国になるとさらに強化されます。

安田：確かに。

西山：この時、途上国は独自の環境規制を一から作り直すことはせず、多くの場合、先進国の規制体系を「輸入」することになります。だから、「適切な規制」は、他国にまねしてもらえる範囲内であるかどうかも一つの鍵です。自国と同じ規制にしてくれれば企業は安心してその国でビジネスを展開できますからね。そのため、JICAなどが行う「法整備支援」には、将来のマーケットの拡大の意味があるのですが、このような視点での対応は海外に先行されている感があります。

安田：うーむ。確かに欧米勢はこういった規制面でも国際展開がうまいですね…。

西山：もちろん、あまり露骨にやりすぎるのも問題です。事実、途上国からはそのような支援に批判の声があるということも耳にします。

安田：ふむ。いろいろ難しいですね。

西山：また、国際規格や条約も大きなポイントです。新たな国際基準が議論されるとき、既に厳しい規制があり技術的対応が済んでいる国や、既存の規制はなくても技術的に優位性を保てると判断した国から、基準強化への提案がなされることが多いです。そのような提案国は既にそれに対応したイノベーションに着手していますので、他の追従国に対して相対的な競争優位性、いわゆる先行者利益が保たれることになります。

安田：例えばどのような分野をイメージすればよいでしょうか？

西山：例えば、ISO 14000 などは典型例です。イギリスの BSI グループにより世界で最初の環境マネジメントシステムの基準がつくられ、これをベースに ISO 14000 が作られました。そして、ISO 認証ビジネスはイギリスをはじめ欧州の認証機関が優位性をもっているのはご存じの通りかと思います。

安田：そうですね。

西山：本来この認証ビジネスは ISO がなければ成り立たないものですが、国際規格化することにより新たなマーケットを作ってしまったのです。彼らは既に長期に亘る実施ノウハウを持っているので、これを覆すのは容易ではありません。

安田：なるほど…。これは西山さんご自身もさまざまな国際条約や国際規格の現場でご苦労されておられますので、身をもって体験されたことからくる貴重な知見ですね。私も国際規格の現場にいるので、先行者優位性については痛いほど痛感しております。日本はこのあたりが今ひとつ弱いような…。

西山：全くその通りですね。以上のことを考えると厳しい規制を設けてもなお国際競争力を保てる産業をもつ国こそが真の先進国と言えると思います。

安田：うーん。その先進国の定義、カッコいいけど、大変厳しい基準ですね（笑）。

規制とマーケティング3.0

安田：さて、競争力をもつ条件が、もう一つ残っていましたね。

西山：はい。最後のひとつが、フィリップ・コトラーらが主張する「**マーケティング3.0**」の考え方です。

安田：マーケティング3.0…。私もなんとなく聞いたことがある気がしますが、どういったものでしたでしょうか？

西山：消費者の社会的意識の向上に伴い、消費者反応が変わってきています。特に先進国では倫理的な観点から規制の範囲を超えて自らに

第4章　経営戦略としてのメンテナンス（対談集）　　151

厳しい基準を設けている企業が消費者に歓迎され、マーケットでの優位性が生まれる場合があります。マーケットが成熟化した先進国ならではの現象ですね。事業者目線の製品提供が中心であった段階が1.0、モノが溢れて消費者がより自分にあったものを選択できるようになる段階が2.0で…。

安田：消費者が倫理観などに基づいて高くても敢えて選択するのが3.0なわけですね。

西山：その通りです。共感が生む新たな精神的価値ですね。先ほどのISO 14000も、企業はなぜコストをかけてまで取りたいかというと、環境問題に前向きに対応していると消費者やビジネスパートナーにアピールしたいからです。

安田：なるほど！（と掌を打つ）

西山：もう一つ例を挙げると、中国で日本製の日用品や乳児用品が高くても売れている要因の一つに、厳しい規制を順守し、さらにそれよりも厳しい社内基準を守っている「日本製というブランド」に対する信頼があると考えられます。この場合、倫理観というよりももっと切実な「健康・安全に対する安心感」になるわけですが、まさに「日本製」に対するイメージが中国の消費者が求める価値観に合致しているわけです。これはもはや価格やコストだけの問題ではないのです。

安田：確かにそう考えると、単なるなんとなくのイメージではなく、もはや「戦略」の問題なのですね。

　　　さて、読者の方にもわかりやすいよう、表にまとめてみたいと思います。西山さんに表4.1のようなまとめを作っていただきました。

マーケティング3.0とメンテナンス

安田：さて、環境規制が一般にイノベーションを促進し国際的競争力を得る条件やその構造はわかりましたが、メンテナンスとの関係はいかがでしょうか？

表4.1 規制・制約条件の変化によるイノベーションが国際的競争力を持つ条件

分類	説明
強いポーター仮説 効率化	生産効率が向上することによる競争力
強いポーター仮説 新利用	無駄に捨てられてきたものに新たな価値を見いだし新たな収益源を獲得
規制統一化	国際的に規制が強化され統一化されることによる先行者優位性
マーケティング3.0	規制以上の社内基準をつくり積極的に対応することで消費者の精神的価値に訴え、ブランドイメージを向上

西山：はい。その点は非常に重要です。なぜなら、従来の強いポーター仮説だけだと、「効率化を行うためにメンテナンスをする」というだけになってしまいます。私自身はマーケティング3.0の考えも取り入れて、社会的価値を高めるためにもメンテナンスを重要視することが大事なのではないかと考えています。つまり、社会的価値を失うことを防止するためのメンテナンスです。

安田：なるほど、「西山理論」ですね（笑）。西山さんは以前、**メンテナンスのバリューチェーン（価値連鎖）**について、風力エネルギー学会誌に解説論文を書かれていましたね[4.7]。

西山：ご紹介いただきありがとうございます。が、「西山理論」とは大げさです（笑）。この論文は、マイケル・ポーターのバリューチェーンの理論を応用して風力発電のメンテナンスの価値について述べたものですが、太陽光を含む再エネ全般に言えると思います。

安田：（論文を見ながら）この論文には前回ご紹介いただいたマーケティング3.0のコンセプトは入ってないのでしょうか？

西山：明示的には書いていませんが、考え方の根底は同じです。

安田：なるほど。それではまず、ポーターのバリューチェーン理論から解説いただけませんでしょうか？

西山：はい。ポーターによれば、事業戦略は大きく分けて、コスト削減を中心とする「**コストリーダーシップ**」と、競合との違いを打ち出しより付加価値の高い商品を提供する「**差別化戦略**」、特定のセグメントに集中する「**集中化戦略**」の3つに分かれます。

第4章 経営戦略としてのメンテナンス（対談集） 153

安田：「コストリーダーシップ」というのは、コストを下げることで競争力を確保することですね？

西山：はい。コスト競争力がある場合、他社と同じ価格で商品を提供すればより高いマージンを手に入れることができるため将来投資の源泉を得られ、逆にマージンを同じにすれば同じ商品をより安価で提供できるためシェア拡大が期待できます。差別化戦略の場合、他者と異なる価値を提供することで、同じコストでも高い価格を設定できるので、高いマージンを得ることができます。この「マージン」を複数の活動を連鎖させることでいかに生み出すかがバリューチェーンによる競争力強化の肝となります。

安田：「活動の連鎖でマージンをいかに生み出すか」ですね、なるほど。

西山：例としてこのバリューチェーンを従来の電力産業にあてはめると図4.3のようになります。

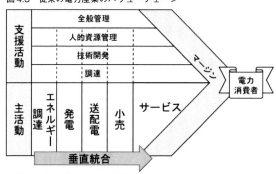

図4.3 従来の電力産業のバリューチェーン[4.7]

バリューチェーンとメンテナンス

西山：従来の電力産業は、一般に、発電、送電、配電、小売の4つの分野から構成されるといわれています。ここでは、さらに上流のエネルギー調達および下流のサービスの分野まで視野に入れて考えてみます。

安田：「従来の」ということは、発送電分離されていない垂直統合のモデルですね。

西山：はい。その通りです。エネルギー調達からサービス提供まで垂直に統合されたビジネスモデルであり、バリューチェーンも全国10電力会社で単一的なモデルとなります。

安田：なるほど。発送電分離されると、これがどのように変化するのでしょうか？

西山：はい。その変化が重要です。FIT法が施行され、さらに発送電分離が行われた後の再エネを中心としたバリューチェーンを図4.4で考えてみたいと思います。図では「風力発電」と書いてありますが、再エネ発電全般に置き換えていただいて結構かと思います。実は、種々の制度により、再エネ発電事業者にとって、その上流活動と下流活動では、差別化のために活動内容を工夫する余地がほとんどありません。

図4.4　電力産業のバリューチェーンにおける風力発電の位置づけ[4.7]

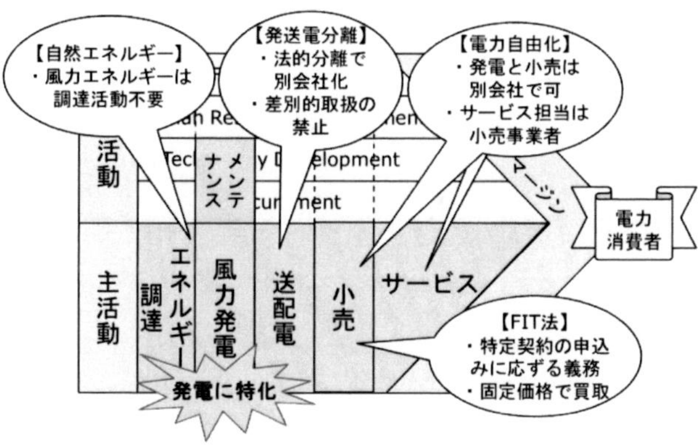

西山：したがって、再エネビジネスは、純粋に発電活動に特化してビジネスを行うことができる制度環境にあることがわかります。つまり、再エネ発電ビジネスの成否を左右するのは、単純に、発電の質を高めることに集約されるわけです。でも、ここでいう「発電の質」は、電圧や周波数の安定度を意味するものではない点にご

第4章　経営戦略としてのメンテナンス（対談集）　　155

注意下さい。

安田：では、ここでの「発電の質」とは具体的には何でしょうか？

西山：ずばり、リスクマネジメントです。発電の質を高めるには高性能な風車や太陽光パネルさえ導入すればよいというわけではありません。「メンテナンスの質」を高めることにより予見性を高め、リスクを下げることこそが重要になります。

安田：なるほど、ようやくここでメンテナンスが登場するわけですね。
（リスクマネジメントについては第2章2.1～2.2節を参照）

西山：再エネのような自然現象を相手にするビジネスでは、収入のばらつきを抑え、長期的な予測可能性を高めることが、事業を永続させる上で重要です。このとき、質の高いメンテナンスを行っていれば、機械の状況が正確に把握でき、不具合発生時期の予測や部品交換時期の見通しなど、将来の予測が容易となります。

安田：おっしゃる通りです。まさに本書でこれまで訴えてきたことと同じですね。

西山：他方、不具合の見落としなどがあれば、将来の変動が大きくなり、リスクが高まってしまいます。もしかしたら、10年無故障で運転できるかもしれないし、明日大規模な故障が発生するかもしれません。これでは、質の高い発電とはいえません。事業リスクを低下させるためには、「壊れたら対応すればよい」ではなく、適切な質の高いメンテナンスを定期的に実施し、事故を未然に予防することが必要なのです。

安田：まさしく、「質の高い定期メンテナンスの実施」が大事ですね。

西山：風車や太陽光パネルの効率や稼働率を維持するには、設備を常に良い状態に保つための良質なメンテナンスの実施が必要不可欠です。短期的にはメンテナンスの質の違いは実感できないかもしれませんが、長期的には大きな差となって現れます。その違いに気が付いたときには既に手遅れです。

安田：そうですね…。まさに「メンテナンスの質の違いを実感」できるかどうかが、発電事業者の質の分かれ目かと思います。

西山：その通りです。でも、これで話を終わらせるのはもったいないと思います。

安田：ほほう…。

西山：以上の考え方は「強いポーター仮説」的です。しかし、これではあまりにも事業者本意です。自由化された電力市場では、選択権を得た消費者が大きな力を有します。今後は、先ほどのマーケティング3.0のように消費者の価値観も考慮してバリューチェーンを考えなければなりません。

安田：なるほど。ここからが西山さんのオリジナルの理論ですね。

西山：はい。効率化は決して悪いことではありませんが、それを追い求めコストリーダーシップばかりを重視すると、安易にメンテナンスコストを削減することにもなりかねません。本来はコスト（費用）とベネフィット（便益）の両者を考えれば、メンテナンスコストは将来的に回収できる投資とわかるはずなのですが…。

安田：確かに、発電ビジネスの経営者には、メンテナンスの便益をきちんと考えていただきたいですね。

では、消費者目線も考慮したバリューチェーンはどういうものでしょうか？

高い消費者意識とメンテナンス

西山：「質の高いメンテナンスが大事」と言っても、単に効率性の問題だけではありません。現代の消費者意識を考える必要があるのです。

安田：「マーケティング3.0」に関連するコンセプトですね。

西山：はい。再エネ事業者はバリューチェーンの上流下流活動にあまり差別化要素が少ないものの、それらのステークホルダーを全く無視してよいわけではありません。FIT終了後も永続的にビジネスを展開するには、ステークホルダーと良好な関係を構築することが欠かせませんし、自由化が進展した電力市場においては、最終消費者の存在も忘れてはなりません。

第4章　経営戦略としてのメンテナンス（対談集）　157

安田：確かにその通りですね。

西山：もちろん、再エネビジネスに携わる方々は、既に送配電事業者たる電力会社や卸売先である小売事業者と良好な関係を築くべく、尽力されていることでしょう。しかし、ここではさらに一歩先に目を転じて、小売事業者の目線で発電を見つめ直してみたいと思います。

安田：なるほど、小売事業者の視点に立って発電を考えるというのは面白いですね。

西山：一般に、小売事業者は、消費者の最前線に立っているので、消費者のニーズにマッチした商品を提供すること、消費者と良好な関係を構築することが、重要な役割となります。しかし、最近の消費者の監視の目は、直接取引関係にある小売事業者だけに留まらず、その商品の供給元である製造工場、さらにはその製造プロセスにまで及びます（図4.5参照）。

安田：なるほど！ そこでマーケティング3.0が出てくるわけですね。

図4.5　風力発電ビジネスのステークホルダー[4.7]

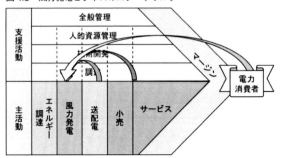

西山：おっしゃる通りです。例えば有名アパレルブランドが途上国の委託工場での過酷な労働環境について人権NGOから指摘され、ブランドイメージを大きく毀損する例が多く報告されています。これを放置すれば、国際的な不買運動による大幅な売上低下を招きかねません。その逆に、環境問題や人権問題に先手を打ち、消費者に満足感や倫理的安心感を与えるという戦略をうまく打ち出して、

差別化しているメーカーもあります。

安田：まさに精神的価値の差別化による競争力ですね。

西山：もちろんこれは、提供する製品の性能が十分消費者の要求を満たしていることが前提です。消費者に訴える性能差が少なくなると、精神的価値の差別化が重要性を持ってきます。このような消費者行動は、電力産業においても決して対岸の火事ではなく、同様のことが起こりえます。

安田：なるほど。

西山：仮に、電力の仕入れ先である発電事業者が消費者の価値観にそぐわない行動をした場合、小売事業者に責はなくとも、消費者の批判の目はその電力を仕入れている小売事業者にも向けられ、当該小売事業者からの不買を決定する可能性があります。自由化された後は、消費者が小売事業者を切り替えることが容易となるため、小売事業者にとっては深刻な打撃を被ることになるでしょう。

安田：確かにそうなりますね。

西山：そうなると、小売事業者は、そのような消費者の価値観に合わない発電事業者とは契約を結ばない、または、契約を打ち切る場合もありえます。小売事業者に選ばれるためには、発電事業者も、消費者の価値観を考慮しなければなりません。つまり今後は、消費者に選ばれる電源になることを心がける必要があるわけです。現に東日本大震災の後、「多少高くても原子力に頼らない電源を買いたい」と話す消費者がそれなりの規模で存在しているわけですから。

安田：「消費者に選ばれる電源」…、まさに市場競争ですね。

西山：はい。発電事業者は、これまでのように、単に発電の役割を果たすだけでよい、ということではなくなります。小売事業者が構築する価値連鎖の中で、誰に、何を売るのか、そして、再エネとしてどのような価値を提供するのかを考慮しなければならない時代に入りつつあると思うのです。

安田：なるほど…。新しい価値観による新しい時代ですね。

度重なる事故は意識の高い消費者にどう映るか？

安田：マーケティング3.0のコンセプトから、「消費者に選ばれる電源」として再エネ事業者が認識を新たにする必要がありますね。

西山：はい。ここで重要なのは、風力や太陽光は「環境に優しい自然エネルギーだから」とあぐらをかいてはいけない、ということです。今はFITのおかげで再エネ電気は確実に売れますが、FIT終了後はどうでしょうか。制度が終了してから、あわてて消費者ニーズを考え始めたのでは手遅れです。今から準備する必要があります。

安田：全くその通りだと思います。

西山：ところで、現在の日本国民は、物質的にある程度満たされており、その欲求は、存続欲求から、より高次の社会的欲求に移っています。つまり、安ければ満足という消費者だけでなく、多少高くとも、価値のあるものを求める消費者が多く存在している市場です。

安田：そうですね。ドイツなどではそのような消費者行動も少なからず見られているようです。

西山：現時点の日本においては、再エネによる電力はまだ高額なものです。安さを求める一般消費者のニーズには適合しません。となると、再エネ事業者が念頭に置くべき消費者は、言うまでもなくそのような意識の高い人々になります。そうなれば、とるべき戦略は、コストリーダーシップではなく、社会的価値を主軸に置いた差別化戦略であることが見えてきます。

安田：そこが、定期メンテナンスがさらに戦略的に重要になるポイントというわけですね。

西山：おっしゃる通りです。社会的価値を求める消費者は、単に環境への意識が高いだけではありません。社会正義や倫理性への意識も、ともに高いのが一般的だと考えられます。ここで、メンテナンス不全で頻繁に事故や故障を繰り返す再エネ事業者がいた場合、それは消費者の社会正義への意識を満足させるでしょうか？

安田：いや、確実に「ノー」でしょうね。

西山：私もそうだと思います。おそらく、消費者は、当該再エネ事業者が不適切な運営を行っているのではないかという疑念から不満を持つことになるでしょうね。

安田：そのような状況はあまり好ましくはありませんが、すべての事業者は自身がそのようなリスクを発生させる可能性があるということを想定しなければなりませんね。

西山：その意識を持ち、リスク低減の努力を積み重ねることは重要です。そうでない限り、消費者は、温暖化対策に役立つとはいえども、社会正義の観点から、事故や故障の多い再エネ事業者が発電した電気を、高い料金を払って買おうとはしなくなります。つまり、再エネの主要顧客となり得る環境意識の高い消費者に対しては、同時に、運営・管理も誠実なものでなければ再エネの強みが生かせないのです。

安田：なるほど、「誠実」というキーワードが出てきましたが、これは非常に重要ですね。

西山：日本的ですが、長期ビジネスの最重要キーワードの一つですね。発電事業は長期ビジネスであることを忘れてはいけません。

安田：「発電事業は長期ビジネス」、いいキャッチフレーズですね。ぜひ使わせていただきます（笑）。

西山：ええ、ぜひ（笑）。さらに、そのような頻繁な故障停止が発生する再エネ事業者が複数存在したらどうでしょうか。そのような事態となれば、単に一つの事業者が悪く言われるだけでなく、再エネ全体に対して、疑惑の目が向けられるようになります。

安田：それは想定し得るリスクの中でも最も恐ろしいものですね…。私も事故が一事業者だけの問題だけでなく、産業界全体、エネルギー政策全体に発展してしまう可能性があることを本書でたびたび訴えています。

西山：そのご指摘は、まさにその通りだと思います。最悪の場合、再エネ全体の社会受容性の低下を招く危険性が高まってしまいます。こうなれば、再エネの絶好のビジネスチャンスである消費者によ

第4章　経営戦略としてのメンテナンス（対談集）　　161

る環境への意識の高まりは消え失せ、世論の厳しい目という大きなハードルのみが残るようになってしまいます。いったん失われた信頼の回復には、10年以上のスパンの努力が必要です。事故の未然防止への努力こそが重要です。

安田：そう考えると、定期メンテナンスの持つ意味は重いですね…。

西山：おっしゃる通りです。もっとも、このメンテナンスによる消費者価値への影響については今後前提条件が大きく変わるかもしれません。これはつい先ごろ経済産業省で検討が始まったばかりのことですが、再生可能エネルギーの買取義務を送配電事業者に持たせることが議論されています。

安田：「再生可能エネルギー導入促進関連制度改革小委員会」での議論ですね？

西山：はい。今後の制度設計によっては、発電事業者と小売事業者のつながりがこれまで以上に間接的なものになります。そうなると、発電事業者が消費者視点による価値を考えることはさらに難しくなり、メンテナンスの重要性に気付きづらくなる可能性があります。今後の議論と制度設計の動向をよく注視する必要がありますね注4.2。

||||||||||||||||||||||||||||||||||||||||||||||||||||||||||||||||||||||||||||||||||

注4.2：2016年2月にまとめられた「再生可能エネルギー導入促進関連制度改革小委員会報告書」(4.8)によると、「再生可能エネルギーの更なる導入拡大を促す仕組みとするため、系統運用及び需給調整に責任を負う送配電事業者を買取義務者とすることが適当である」とされ、その後、改正FIT法が2016年5月25日の第190回通常国会においてに可決・成立し、同年6月3日に公布されました（施行日は2017年4月1日）(4.9)。この改正により、施行日以降、新たに買取契約を締結する場合、FIT電気は送配電事業者が買い取ることとなりました。なお、施行日以前の買取契約分については、引き続き小売事業者が買い取ることとなります(4.10)。

||||||||||||||||||||||||||||||||||||||||||||||||||||||||||||||||||||||||||||||||||

中小企業診断士から見た再エネ事業

安田：ところで、西山さんは中小企業診断士の資格をお持ちとのことで

すが、そのようなお立場から再エネ事業を見たらいかがでしょうか？ 再エネによる発電は従来型発電に比べると非常に規模の小さな組織によるものも多いのではないかと思いますが…。

西山：はい、再エネ事業に限らずあくまで一般論となりますが、日常の保全活動の重要性の認識、特にその定着化への認識は永遠のテーマですね…。

安田：と言いますと？

西山：例えば、いわゆる**「5S」（整理、整頓、清掃、清潔、しつけ）**を導入して日常の業務改善を行った企業が、いつのまにかまた以前の状態に戻っている場合がよくあります。これは、5Sのうちの最後のS、「しつけ」ができてないために起こります。

安田：なるほど、「しつけ」ですね。「しつけ」というとなんだか家庭の教育みたいなイメージにも取られてしまいかねませんが…。

西山：そちらの「しつけ」については、私も胸を張ることができないのですが…（笑）。ここではJISの定義に従いますね。「しつけ（躾）」とは「決めたことを必ず守ること」です（JIS Z 8141：2001「生産管理用語」，用語番号5603）。英語にすれば「sustain」です。

安田：「しつけ」はJIS用語なのですね。

西山：はい。つまり「しつけ」は、日常作業である整理・整頓・清掃・清潔をルール化により定着させ維持する、いわば、よりマネジメント色の強いプロセスなのです。これがなければ5Sによる業務改善は完結しません。マネジメントがなければ、「維持」できないのです。特に中小企業ではトップマネジメント層が意識しないと改善策は現場に浸透しないし、継続しません。もちろん、定着すれば現場任せにできますが、そこが、現場だけで業務改善を達成できると勘違いしてしまう原因の一つでしょう。

安田：なるほど。経営層がメンテナンスについて意識を高めないと、コストカットや精神論だけになって現場が疲弊しますからね…。

西山：また、定着化させるためのマネジメントの構造自体に問題がある企業が多いのも現実です。これは、中規模以上の企業であればどこ

第4章　経営戦略としてのメンテナンス（対談集）　｜　163

でも起こりえます。例えば日本では3年程度で配置転換され、ジョブローテーションしながら昇進していくシステムをとっている企業が多いと思いますが、この定期的な異動と引継ぎが、継続性を失わせるきっかけとなります。さらに人材面でも、マネジメントを専門的に教わる機会がないまま年功序列によりマネジメント職に就くケースが多くなる、という構造的問題を抱えています。これらは、中規模以上の企業であればどこでも起こりえます。

安田：日本全体の構造的問題だとよく聞きます。なんとかなりませんかねぇ…。

西山：もちろん、うまくやっているところもあるのですけどね。そういったベストプラクティスはなかなか水平展開されません。例えば、製造マネジメントに着目しますと、要素技術の継承は重視され、うまくいっています。

安田：なるほど、要素技術は日本の得意分野ですからね。

西山：しかし、メンテナンスについては、多くの場合、システム化やノウハウの文書化はされておらず、風化する恐れがあります。重要なのは属人的なメンテナンスノウハウをいかにして組織で共有できるか、そのための文書化とルール化なのですが…。

安田：国際規格でもたびたび "documentation"（文書化）という用語が登場しますが、日本ではこの思想はまだまだ完全には根付いていないような気がしますね。

メンテナンスは経営戦略！

安田：最後に、メンテナンスとマネジメント（経営）の関係について総括いただければ…。

西山：はい。メンテナンスが重要であることを経営者にわかってもらうのは実は難しいことだと思います。というのもメンテナンスはコストセンターの分野だからです。

安田：コストセンターというのは、コストは集計されるものの利益は集

164

計されない部門のことですね？

西山：はい。誰しも、「やれば確実にプラスになること」であれば一生懸命頑張りますが、メンテナンスは放っておくとマイナスになるものを元に戻すことがメインですから、あまりプラスを生み出すものではありません。したがってメンテナンス不全によるリスクが具体的にイメージできなければ、経営戦略の中では軽視されがちになってしまいます。

安田：これは非常に深刻な問題だと思います。どのようにすれば経営者にメンテナンスの重要性を訴えることができるでしょうか？

西山：重要なのは、コストセンターの場合、費用の削減努力はもちろん必要ですが、その費用をかけるからこそ得られるであろう効果（ベネフィット）を失ってしまうような費用削減をするべきではないという認識をもつことです。

安田：なるほど、言われてみれば当然ですが、その考えはなかなかすべての再エネ発電事業者にまで広く共有されていないかもしれません。

西山：あるコストを削減しようとしたとき、「このコストを下げたら影響する部分はないかな？」と、いったん立ち止まって考えられるようになるだけでも、大きく変わります。そして、削減対象コストを、違う角度から枠を広げて見直すことも重要です。もしかしたら、そこにコストをかけていたことで、別の部分で価値が生まれていたかもしれず、実はそれが認識していない競争力の源泉であったりします。

安田：「コストをかけることで、別の部分で価値が生まれていたかもしれない」というのは重要ですね。コスト削減だけだとデフレマインドでしかありませんが、投資をすることで利益を生み出すのが本来の経営の基本ですよね。

西山：まさにその通りです！日本は早くその「デフレマインド」から脱却しなければいけません。消費者が求める価値については、「低価格」だけではなく、多様な価値を反映した多様な選択肢の提供もあるのだということを政策立案者の方々にももっと重視してもら

第4章　経営戦略としてのメンテナンス（対談集）　│　165

いたいと思います。

安田：経営者だけでなく日本全体の問題ですね。

西山：話が広がりすぎてしまいましたね（笑）。まとめますと、長期的な効果をもたらすメンテナンスは同じ長期の時間軸で考えることができる経営側による判断が必要です。メンテナンスは単なるコストではなく、相対的な価値を高めるものであるという意識をもって、経営戦略の中にしっかりと位置づけて欲しいと思います。ビジネスの長期的な成功には、日々の積み重ねが重要です。再エネ事業においてはメンテナンスがそのための重要な柱となるのです。短期的な利益確保に走って安易にメンテナンスコストを削減することや現場に丸投げすることだけは避けていただきたいと思います。

安田：確かにおっしゃる通りですね。メンテナンスというと世間ではなんとなくコストばかりがかかって、技術的問題は現場に丸投げのように考えられがちですが、経営戦略からみたメンテナンスの重要性について、お話を伺ってようやくすっきり体系的に理解できました。貴重なお話をいただき、ありがとうございました。

おわりに

　本書は、「環境ビジネスオンライン」(https://www.kankyo-business.jp)に2014年4月から連載中の「風力発電大量導入への道」に掲載されたコラムの中から、風力発電および太陽光発電を中心とする再生可能エネルギー発電のメンテナンスに関する記事を集め、加筆・再構成したものです。

　本書でもたびたび触れたように、このコラム連載当初の2014年は風力発電の事故が相次いだ頃であり、これを機に国（経済産業省）も事故調査のため「新エネルギー発電設備事故対応・構造強度ワーキンググループ」（事故WG）を設置するなど（3.1節参照）、国や産業界をあげての対策が行われました。一方、2015年夏には今度は太陽光発電の事故も相次ぎ、同WGで情報収集や対策提案が行われました（3.5節参照）。

　また、たまたま偶然ですが、その動きと並行して、風力発電耐雷設計に関する日本工業規格 (JIS) の制定や、その親元となる国際規格 (IEC) の次期バージョンの原案作成のための専門家会合が、ほぼ同時進行で進展するかたちとなりました（3.4節参照）。

　アカデミックの分野でも、2014年4月から2017年3月までの期間に電気学会において「風力発電システムの雷リスクマネジメント調査専門委員会」が設置され、上記の経産省の事故WGやIEC/JISなどとも緩やかに連携して情報交換を図りながら、内外の最新動向・最新技術が調査されました。この委員会では、技術的調査もさることながら、保険業界や規制機関からもメンバー・オブザーバーが参加し、狭い学術分野に留まらない幅広い視野とステークホルダーによる議論が行われました（2.3～2.4節参照）。

　このように、2014年頃を境として、本書執筆時点の2017年夏までの3年間で風力・太陽光発電の事故防止を取り巻く環境はめまぐるしく変わっており、それが3.4節の表3.4に表れているかたちとなっています。筆者は、これら一連のWGや専門家会合、委員会のほぼ全てに委員（時には委員長や主査）として参加し、事故情報の収集や原因分析、対策立案、合

意形成などの議論に直接関わってきました。

　急速に進化を遂げる技術分野において、それに合わせてめまぐるしく進展する規制や規格の変遷を、情報収集や合意形成の当事者の一人として、リアルタイムで間近につぶさに「体感」できたというのは貴重な体験だと思っています。筆者が得た体験とそこから得られた知見が、本書を通じて多くの方に共有できれば幸いです。

　これら一連の委員会や合意形成の場に参加して、筆者が強く確信したことは（あくまで諸委員会のメンバーの総意ではなく、専門研究者としての筆者個人の見解ですが）、**事故が発生する原因は、現場の技術的問題ではなく、経営や運用上の問題、法規制・規格の問題に帰着できることが圧倒的に多い**、ということです。

　例えば筆者が委員長を務めた前述の電気学会の調査専門委員会で調査したところによると、少なくとも雷に対する対策は、ごく一部に科学的に未解明な部分も残されているものの（3.3節で述べた通り、21世紀になっても未解明な自然現象はまだまだあります）、技術的にはほぼ確立されており、適切な対策さえきちんととれば事故確率を相当に減らせることが明らかになっています。本書の範囲外ですが、台風対策に関しても同様です。

　しかしながら、ここで厄介な問題としては、その「対策」は「何か特殊な装置を買ってきてビルトインすればそれで万事万全！」というお手軽で都合のよいものではなく、日頃から継続的に愚直に行わなければならない類いのものである、ということです。すなわち、メンテナンスの重要さがここで登場します。

　より事態を難しくしているのが、電力自由化により発電ビジネスに誰でも参入できる時代になり、特に再生可能エネルギーの発電ビジネスへの参入者が爆発的に増えていることです。風力発電事業者はまだ国内に数十社程度ですが、太陽光発電事業者は万の単位に上ります。エネルギーの民主化や産業活性化のためには、プレーヤーの数が増えるのは歓迎すべきことですが、事故防止の観点からは上記のような事故防止・健全性維持対策（しかもビルトイン型のデバイスではなくノウハウ型のメンテ

ナンスによる対策）を全てのプレーヤーにあまねく水平展開するにはどうしたらよいかが、難題であることは想像に難くありません。それゆえ、筆者は「経営上の問題や法制度の問題」に着目し、声を大にして警鐘を鳴らしたいと思い、一連のコラム連載、そして本書執筆を思い立った次第です。

本書は、多くの方のご協力により陽の目を見ることができました。オンラインマガジンに連載した記事を書籍として出版することに寛容にもご快諾いただいた「環境ビジネスオンライン」編集部のみなさまをはじめとする株式会社 日本ビジネス出版の各位には篤く御礼申し上げます。

また、以下の方々には、インタビューや聞き取り調査、メールでの情報交換などを通じて貴重な情報・知見をご提供いただいたことを深く感謝したいと思います（以下、本書登場順。所属・肩書きは本書執筆時点）。

- 共立リスクマネジメント株式会社のみなさま（2.4節）
- SOMPOリスケアマネジメント株式会社 リスクエンジニアリング開発部 フェロー 足立慎一 様（2.5節）
- 認定NPO法人環境エネルギー政策研究所 主任研究員 山下紀明 様 ならびに、同 研究員 古屋将太 様（3.6節）
- 公益財団法人NIRA総合研究開発機構(NIRA総研) 主任研究員 西山裕也 様（4.1および4.5節）
- 京都大学大学院経済学研究科 教授 諸富徹 様（4.2節）
- イオスエンジニアリング&サービス株式会社 取締役業務部長 松田健 様 ならびに、同 顧問 三保谷明 様（4.3節）
- 株式会社北拓 副社長 吉田悟 様（4.4節）

その他、学会、産業界、金融業界、省庁や地方自治体、報道機関、市民団体などさまざまな分野の多くの方から、さまざまならレベルでの議論・情報交換を通じて、多くのことを学ばせていただきました。お世話になった方があまりにも多すぎて直接個別にはお名前を上げることはで

おわりに 169

きませんが、この場で紙面を借りて御礼申し上げます。

　筆者の気まぐれでマイペースな性格にもかかわらず、休日も返上して執筆に専念できたのも家族の理解と支援（特に叱咤激励係として、相談役として、拙稿の最初の読者として、手厳しい批評家として）のおかげです。併せて感謝したいと思います。

　本書は、2014年からほぼ3年間のコラム連載をまとめたものという性格ゆえ、本書のテーマである再生可能エネルギー発電のメンテナンスに関して、全ての情報が網羅できているわけではありません。とりわけ、筆者の専門分野である耐雷や電気事故防止に関して重きを置いている反面、台風や極地風・乱流などに対する対策、メンテナンスの合理化などの分野に関しては紙面で取り上げる余裕はありませんでした。

　これらの分野の最新情報としては、例えばNEDOで現在進行中の「スマートメンテナンスプロジェクト」[注5.1]などがあげられます（本書に登場する方も何人か参画しています）。また電気学会でも、2017年4月より「風力発電設備の耐雷健全性維持技術と規格・法規調査専門委員会」（委員長：山本和男 中部大学准教授）が発足し、特に風車の雷事故防止と健全維持の観点から、新規技術や法規制の動向について調査が始まりました[注5.2]。新たなこれらの最新情報は、また別の論文や資料などをご参照下さい。

　メンテナンスや事故防止に関しては、「これをビルトインすれば万事解決！」という都合が良いデバイスが存在しないのと同様、「これを読めば万事解決！」という都合の良い本も存在しません。本書もいくつかの分野では最新情報を提供しているものの、「最新情報」は時事刻々と積み上げられ、技術や法制度・規格がどんどん進化していくものだ、ということは本文でも述べた通りです。この分野に参入する（あるいは関心を持つ）方々にとって、「メンテナンスの心得」としての入門編として、より深い情報収集や意思決定への参画のための出発点として、本書がいささかでも役に立つことができれば、それが筆者のささやかな喜びです。

||||||||||||||||||||||||||||||||||||||||||||||||||||||||||||||||||||||||||||||||||||||||||||||||||||

注5.1：2016年度までの報告書は、下記のサイトから入手できます。

http://www.nedo.go.jp/library/seika/shosai_201704/20170000000187.html

注5.2：同委員会の設置趣意書と調査項目は、下記のサイトから入手できます。

http://iee.jp/wp-content/uploads/honbu/16-pdf/BHV_1115s.pdf

||||||||||||||||||||||||||||||||||||||||||||||||||||||||||||||||||||||||||||||||||||||||||||||||||||

初出情報

（※いずれも本書編集にあたって一部改変）

第1章

1.1 再エネは一にも二にもメンテナンスが大事

『風車は一にも二にもメンテナンスが大事』, 環境ビジネスオンライン 2014年4月7日号を改題、再エネ全般の話に拡張

1.2 なぜ欧州では市民風車が成功したのか？

環境ビジネスオンライン 2014年4月21日号および4月28日号

1.3 実はあまり語られないFITとメンテナンスの関係

環境ビジネスオンライン 2014年9月22日号

第2章

2.1 リスクマネジメントってみんな言うけど

環境ビジネスオンライン 2014年7月14日号および28日号

2.2 発電ビジネスとアセットマネジメント

環境ビジネスオンライン 2016年4月11日号

2.3 本当は怖い風車の保険の話　〜逆選択とモラルハザード〜

環境ビジネスオンライン 2014年9月9日号

2.4 事故と保険と情報の透明性

『保険統計データからみた風力発電の雷事故と情報の透明性』, 環境ビジネスオンライン 2016年3月28日号を改題

第3章

3.1 風力発電の事故は多いのか？

環境ビジネスオンライン 2014年12月1日号

3.2 風力発電の事故を減らすには？

環境ビジネスオンライン2014年12月15日号

3.3 風車の天敵、冬季雷

環境ビジネスオンライン2015年1月15日号

3.4 風力発電の事故と規制の変化

『風車の天敵、冬季雷（規格と規制の巻）』,環境ビジネスオンラ
イン2015年2月2日号および『風力発電の事故防止に係る規制の最
新動向』を改題して大幅加筆

3.5 太陽光発電の事故防止と規制動向

環境ビジネスオンライン2016年3月14日号に加筆修正

3.6 メガソーラーのトラブルと自律的ガバナンス

環境ビジネスオンライン2016年4月25日号

第4章

4.1 エンジニアリングとリスクマネジメント

『リスクマネジメントってみんな言うけど』,環境ビジネスオンラ
イン2014年8月11日号および18日号を改題

4.2 補助金はメンテナンス意識を育てるか？

『「補助金ビジネス」を撲滅せよ！』,環境ビジネスオンライン2014
年11月17日号を改題

4.3 風力発電産業を活性化するメンテナンスビジネス（その1）

環境ビジネスオンライン2015年7月27日号および8月3日号

4.4 風力発電産業を活性化するメンテナンスビジネス（その2）

環境ビジネスオンライン2015年8月17日号および24日号

4.5 消費者に選ばれる電源となるために　〜経営戦略としてのメンテナ
ンス〜

環境ビジネスオンライン2015年10月5日号および12日号、17日号

参考文献

第1章

1.1 ニールセン北村朋子: ロラン島のエコ・チャレンジ, 新泉社 (2012)

1.2 斉藤純夫: こうすればできる！地域型風力発電, 日刊工業新聞社 (2013)

1.3 マティアス・ヴィレンバッハー: メルケル首相への手紙, いしずえ (2014)

1.4 帝国データバンク: 太陽光関連業者の倒産倍増（前年同期比2.2倍）〜太陽光パネル製造業にも影響及ぶ〜 (2017), http://www.tdb.co.jp/report/watching/press/pdf/p170702.pdf

第2章

2.1 日本工業規格:「リスクマネジメント − 用語」, JIS Q 0073 (2010)

2.2 経済産業省:「リスクアセスメントハンドブック 実務編」(2011)

2.3 畦地圭太: 風力発電導入プロセスの改善に向けたゾーニング手法の提案, 東京工業大学博士論文 (2015), http://t2r2.star.titech.ac.jp/rrws/file/CTT100698401/ATD100000413/

2.4 自然エネルギー財団:「地域エネルギー政策に関する提言 −自然エネルギーを地域から拡大するために− 」 (2016), http://www.renewable-ei.org/images/pdf/20170621/REI_Report_20170621_LocalEnergyPolicy.pdf

2.5 土木学会 アセットマネジメント研究小委員会編: アセットマネジメント導入への挑戦, 技報堂出版 (2005)

2.6 日本コンクリート工学協会 コンクリート構造物のアセットマネジメント研究委員会: コンクリート構造物のアセットマネジメントに関するシンポジウム委員会報告, pp.7-12 (2006)

2.7 古田均他:「これだけは知っておきたい 社会資本アセットマネジメント」, 森北出版 (2010)

2.8 足立慎一:「保険統計データからみた風力発電の雷事故」, 平成28年電気学会全国大会, S7-2 (2016)

2.9 足立慎一:「風力発電の雷リスクマネジメントと保険」, OHM, 2017年6月号, pp.46-49 (2017)

2.10 末永大周, 安田陽: 事故レベルおよび停止時間に着目した風車雷事故統計分析, 電気学会 高電圧/新エネルギー・環境合同研究会, HV-15-068 FTE-15-033 (2015)

2.11 経済産業省:「産業構造審議会 保安分科会 電力安全小委員会 新エネルギー発電設備事故 対応・構造強度WGの役割及び 事故原因究明等の進め方について(案)」, 新エネルギー発電設備事故対応・構造強度ワーキンググループ(第1回)配布資料2 (2014)

2.12 「損保ジャパン・日本興亜損保 風力発電事業向けの火災保険を販売開始」, 環境ビジネスオンライン, 2014年1月30日掲載, https://www.kankyo-business.jp/news/006856.php

第3章

3.1 経済産業省:「産業構造審議会 保安分科会 電力安全小委員会 新エネルギー発電設備事故 対応・構造強度WGの役割及び 事故原因究明等の進め方について(案)」, 新エネルギー発電設備事故対応・構造強度ワーキンググループ(第1回)配布資料2 (2014)

3.2 経済産業省電力安全課:「電気保安統計」, http://www.meti.go.jp/policy/safety_security/industrial_safety/sangyo/electric/detail/result-2.html

3.3 経済産業省:「風力発電設備に係る保安規制のあり方について」, 新エネルギー発電設備事故対応・構造強度ワーキンググループ(第5回)配布資料5-1 (2014)

3.4 末永大周・安田陽: 事故レベルおよび停止時間に着目した風車雷事故統計分析, 電気学会高電圧/新エネルギー・環境合同研究会, HV-15-068, FTE-15-033 (2015, 5)

3.5 独立行政法人 新エネルギー・産業技術総合開発機構 (NEDO): 平成16

年度 風力発電利用率向上調査委員会および故障・事故調査分科会 報告書 (2005, 3)

3.6 NEDO: 平成17年度風力発電利用率向上調査委員会および故障・事故等調査委員会報告書 (2006, 3)

3.7 NEDO: 平成18年度風力発電利用率向上調査委員会および故障事故等調査委員会報告書 (2007, 3)

3.8 NEDO: 平成19年度風力発電施設の故障事故情報収集解析業務（風力発電故障事故調査委員会）報告書 (2008, 3)

3.9 NEDO:次世代風力発電技術研究開発事業（自然環境対応技術等（故障事故対策調査））平成 20年度風力発電故障事故調査委員会報告書 (2009, 3)

3.10 NEDO:次世代風力発電技術研究開発（自然環境対応技術等（故障事故対策））平成21年度風力発電故障事故調査委員会報告書 (2010, 3)

3.11 NEDO:次世代風力発電技術研究開発（自然環境対応技術等（故障事故対策））平成22年度風力発電故障事故調査委員会報告書 (2011, 3)

3.12 NEDO:次世代風力発電技術研究開発（自然環境対応技術等（故障事故対策））平成23年度風力発電故障・事故調査結果報告書 (2012, 5)

3.13 NEDO:次世代風力発電技術研究開発（自然環境対応技術等（故障事故対策））平成24年度風力発電故障・事故調査結果報告書 (2013, 6)

3.14 Fraunhofer IWES: Windmonitor, http://www.windmonitor.de

3.15 Caithness Windfarm Information Forum: Accident Statistics, http://www.caithnesswindfarms.co.uk/AccidentStatistics.htm

3.16 安田 陽, 景山 勇太, 末永 大周: 事故レベルおよび停止時間に着目した風車事故データの統計分析, 第36回風力エネルギー利用シンポジウム講演論文集, pp.269-272 (2014, 11)

3.17 音羽電機工業ウェブページ:「雷の発生」http://www.otowadenki.co.jp/corp/technology/tec01/

3.18 乙咩公倫氏撮影「天と海を繋ぐ」, 音羽電機工業株式会社提供　雷写真コンテスト入賞作品

3.19 中坪良三氏撮影「冬神鳴りの競演」, 音羽電機工業株式会社提供　雷

写真コンテスト入賞作品

3.20 日本工業規格: 風車 –第 24部: 雷保護, JIS C 1400-24 (2014)

3.21 NEDO: 日本型風力発電ガイドライン 落雷対策編 (2010)

3.22 J. Montanya et al.: "Global distribution of winter lightning: a threat to wind turbines and aircraft", Natural Hazards Earth System Science, Vol.16, pp.1465– 1472, 2016

3.23 経済産業省 産業構造審議会 保安分科会 電力安全小委員会 新エネルギー発電設備事故対応・構造強度ワーキンググループ 中間報告書 (2014), http://www.meti.go.jp/committee/sankoushin/hoan/denryoku_anzen/newenergy_hatsuden_wg/pdf/report01_01.pdf

3.24 経済産業省:「発電用風力設備の技術基準の解釈について」の一部改正について (2015), http://www.meti.go.jp/policy/safety_security/industrial_safety/oshirase/2015/01/270206-1.html

3.25 経済産業省: 平成27年度未利用エネルギー等活用調査（風力発電設備の維持及び管理の動向調査）報告書 (2016), http://www.meti.go.jp/meti_lib/report/2016fy/000131.pdf

3.26 経済産業省 産業構造審議会 保安分科会 電力安全小委員会 新エネルギー発電設備事故対応・構造強度ワーキンググループ（第6回）資料10-1「風力発電設備定期事業者検査制度の試行について」, 2015年7月30日, http://www.meti.go.jp/committee/sankoushin/hoan/denryoku_anzen/newenergy_hatsuden_wg/pdf/006_10_01.pdf

3.27 経済産業省: 電気関係報告規則及び電気設備に関する技術基準を定める省令の一部を改正する省令について (2016), http://www.meti.go.jp/policy/safety_security/industrial_safety/oshirase/2016/09/280923-1.html

3.28 経済産業省 新エネルギー発電設備事故対応・構造強度ワーキンググループ: 第7回配布資料9「太陽電池発電設備の安全確保のための取組強化について」, 2016年1月25日, http://www.meti.go.jp/committee/sankoushin/hoan/denryoku_anzen/newenergy_hatsuden_wg/pdf/007_09_00.pdf

3.29 経済産業省 新エネルギー発電設備事故対応・構造強度ワーキンググ
　　 ループ: 第8回配布資料6「太陽電池発電設備の安全確保のための取組
　　 強化について」, 2016年2月29日, http://www.meti.go.jp/committee/
　　 sankoushin/hoan/denryoku_anzen/newenergy_hatsuden_wg/pdf/
　　 008_06_00.pdf

3.30 経済産業省資源エネルギー庁: 改正FIT法による 制度改正につ
　　 いて (2017), http://www.enecho.meti.go.jp/category/saving_and_new/
　　 saiene/kaitori/dl/fit_2017/setsumei_shiryou.pdf

3.31 山下紀明:「メガソーラー開発に伴うトラブル事例と制度的対応策
　　 について」, 環境エネルギー政策研究所 研究報告 (2016, 3), http://
　　 www.isep.or.jp/library/9165

3.32 Solar Trade Association: "Solar Farms: 10 Commitments", http://
　　 www.solar-trade.org.uk/sta-solar-farms-10-commitments/

第4章

4.1 日本工業規格:「生産管理用語」, JIS Z 8141 (2001)

4.2 日本工業規格:「デイペンダビリティ（信頼性）用語」, JIS Z 8115 (2000)

4.3 International Standard Organisation: ISO Guide 73 "Risk management
　　 – Vocabulary (2009)

4.4 日本工業規格:「リスクマネジメント – 用語」, JIS Q 0073 (2010)

4.5 伊藤, 浦島:「ポーター仮説とグリーンイノベーション」, 科学技術動
　　 向研究, 2013年3・4月号, pp.30-39 (2013)

4.6 Drezner: "Globalization and Policy Convergence", International Studies
　　 Review, Vol.3, Issue 1, pp. 53– 78 (2001)

4.7 西山裕也:「風力発電のビジネスモデル ～メンテナンスで変わるリス
　　 クとバリュー～」, 日本風力エネルギー学会誌, Vol.38, No.4, pp.414-419
　　 (2015)

4.8 経済産業省:「再生可能エネルギー導入促進関連制度改革小委
　　 員会報告書」(2016), http://www.meti.go.jp/committee/sougouenergy/

kihonseisaku/saisei_kanou/pdf/report_01_01.pdf

4.9 経済産業省: ニュースリリース「「電気事業者による再生可能エネルギー電気の調達に関する特別措置法（ＦＩＴ法）等の一部を改正する法律」が公布されました」(2016), http://www.meti.go.jp/press/2016/06/20160603009/20160603009.html

4.10 経済産業省:「再生可能エネルギーの固定価格買取制度（FIT制度）の改正について ～資源エネルギー庁よりお知らせ～」(2016), http://www.enecho.meti.go.jp/category/saving_and_new/saiene/kaitori/dl/kaisei/fit_0607.pdf

著者紹介

安田 陽 (やすだ よう)

京都大学大学院 経済学研究科 特任教授

1989年3月、横浜国立大学工学部卒業。1994年3月、同大学大学院博士課程後期課程修了。博士（工学）。同年4月、関西大学工学部（現システム理工学部）助手。専任講師、助教授、准教授を経て、2016年9月よりエネルギー戦略研究所株式会社 研究部 部長 ならびに 京都大学大学院 経済学研究科 再生可能エネルギー経済学講座 特任教授。

現在の専門分野は風力発電の耐雷設計および系統連系問題。技術的問題だけでなく経済や政策を含めた学際的なアプローチによる問題解決を目指している。現在、日本風力エネルギー学会理事。IEA Wind Task25（風力発電大量導入）、IEC／TC88／MT24（風車耐雷）などの国際委員会メンバー。

主な著作として「世界の再生可能エネルギーと電力システム　風力発電編」（インプレスR&D）、「日本の知らない風力発電の実力」（オーム社）、翻訳書（共訳）として「洋上風力発電」（鹿島出版会）、「風力発電導入のための電力系統工学」（オーム社）など。

◎本書スタッフ

アートディレクター/装丁：　岡田 章志＋GY

デジタル編集：　栗原 翔

●お断り

掲載したURLは2017年9月30日現在のものです。サイトの都合で変更されることがあります。また、電子版ではURLにハイパーリンクを設定していますが、端末やビューアー、リンク先のファイルタイプによっては表示されないことがあります。あらかじめご了承ください。

●本書の内容についてのお問い合わせ先

株式会社インプレスR&D　メール窓口

np-info@impress.co.jp

件名に『「本書名」問い合わせ係』と明記してお送りください。

電話やFAX、郵便でのご質問にはお答えできません。返信までには、しばらくお時間をいただく場合があります。なお、本書の範囲を超えるご質問にはお答えしかねますので、あらかじめご了承ください。

また、本書の内容についてはNextPublishingオフィシャルWebサイトにて情報を公開しております。

http://nextpublishing.jp/

●落丁・乱丁本はお手数ですが、インプレスカスタマーセンターまでお送りください。送料弊社負担にてお取り替えさせていただきます。但し、古書店で購入されたものについてはお取り替えできません。

■読者の窓口
インプレスカスタマーセンター
〒101-0051
東京都千代田区神田神保町一丁目105番地
TEL 03-6837-5016／FAX 03-6837-5023
info@impress.co.jp

■書店／販売店のご注文窓口
株式会社インプレス受注センター
TEL 048-449-8040／FAX 048-449-8041

再生可能エネルギーのメンテナンスとリスクマネジメント

2017年10月20日　初版発行Ver.1.0（PDF版）

著　者　安田 陽
編集人　宇津 宏
発行人　井芹 昌信
発　行　株式会社インプレスR&D
　　　　〒101-0051
　　　　東京都千代田区神田神保町一丁目105番地
　　　　http://nextpublishing.jp/
発　売　株式会社インプレス
　　　　〒101-0051　東京都千代田区神田神保町一丁目105番地

●本書は著作権法上の保護を受けています。本書の一部あるいは全部について株式会社インプレスR&Dから文書による許諾を得ずに、いかなる方法においても無断で複写、複製することは禁じられています。

©2017 Yoh Yasuda. All rights reserved.
印刷・製本　京葉流通倉庫株式会社
Printed in Japan

ISBN978-4-8443-9798-4

Next Publishing®

●本書はNextPublishingメソッドによって発行されています。
NextPublishingメソッドは株式会社インプレスR&Dが開発した、電子書籍と印刷書籍を同時発行できるデジタルファースト型の新出版方式です。http://nextpublishing.jp/